乡村人居环境营建丛书

浙江大学乡村人居环境研究中心

王　竹　主编

乡村景观营建的整体方法研究——以浙江为例

孙炜玮　著

国家自然科学基金重点资助项目：“长江三角洲地区低碳乡村人居环境营建体系研究”（51238011）

国家科技支撑计划课题：“村镇旅游资源开发与生态化关键技术研究与示范”（2014BAL07B02）

东南大学出版社

·南京·

内 容 提 要

基于新形势下乡村景观营建的现实需求以及技术缺失，本书以问题为导向，以景观为切入点，结合系统论、控制论、景观生态学与生物共生原理，以及浙江地区案例与大量规划实践，从内容的系统性、过程的控制性、格局的生态性、利益的共生性四个方面，整合提炼、系统建构了一套乡村景观营建的整体方法。整套方法体现出逻辑性、可操作性和开放性，涵盖村域、村落、宅院三个空间层级，可为今后的乡村景观可持续研究乃至城市景观的相关研究提供理论与方法参考。

乡村景观营建的整体方法从本质上说是学习传统乡村景观的精神根基，研究试图越过表象误区，重归乡村景观本真，在新的时代发展背景下实现乡村自然、社会与经济的健康平衡发展。

图书在版编目(CIP)数据

乡村景观营建的整体方法研究：以浙江为例/孙炜
玮著 . —南京：东南大学出版社，2016.8(2019.12 重印)
(乡村人居环境营建丛书/王竹主编)
ISBN 978-7-5641-6721-9

Ⅰ. ①乡… Ⅱ. ①孙… Ⅲ. ①乡村规划—景观规划—
研究—浙江 Ⅳ. ①TU982.295.5

中国版本图书馆 CIP 数据核字(2016)第 213309 号

书　　名：乡村景观营建的整体方法研究——以浙江为例
著　　者：孙炜玮
责任编辑：宋华莉
编辑邮箱：52145104@qq.com
出版发行：东南大学出版社
出 版 人：江建中
社　　址：南京市四牌楼 2 号(210096)
网　　址：http://www.seupress.com
印　　刷：江苏凤凰数码印务有限公司
开　　本：787 mm×1 092 mm　1/16　　印张：10.25　　字数：236 千字
版　　次：2016 年 8 月第 1 版　　2019 年 12 月第 2 次印刷
书　　号：ISBN 978-7-5641-6721-9
定　　价：46.00 元

经　　销：全国各地新华书店
发行热线：025-83790519　83791830

序

　　本书成果源自于孙炜玮 2014 年完成的博士学位论文《基于浙江地区的乡村景观营建的整体方法研究》。孙炜玮于 2001 年硕士毕业留校工作，后来考了我的在职博士研究生，加入了我的乡村人居环境营建研究团队，我们的师生情谊已有 10 年之久。在与我讨论选题的初期，她比较倾向于"景中村"以及旅游型村庄等特殊类型的乡村研究。随着研讨的深入，有感于浙江地区量大面广的村庄所共同面临的突出问题，也受居伊·德波的《景观社会》启发，研究内容最终聚焦于乡村景观的营建上来。无疑，"乡建"一词涵盖了多元的范畴，产业、制度、文化、形态等无不影响着乡村，而所有这些问题似乎又都集中投射到景观的层面并呈现出来。较之于特定类型的村庄，在新的经济社会背景之下，以自然生境、经济生产、居住生活有机关联为基点的乡村景观系统研究更具普适价值与现实意义。

　　良性、健康的乡村景观是建立在地方自然生境、经济生产、居住生活三部分有机融合、相互支撑之上的有机体，它们之间的相互依存与彼此对应才使得乡村具有了真实、质朴的品质。当下许多乡村的建设还是过于关注形态、空间等要素，还是有意无意地停留在抽象构图、视觉美化等方法，导致原本真实、质朴的乡村景观走向"无根"的尴尬。此外，当下乡村的实际情况已经出现了一些根本性的变化，如城乡一体化建设的新格局、经济社会转型之下乡村职能的转变，乡村建设中越来越多的利益主体影响……这些变化更加提醒我们，应该重新定位乡村景观的内涵，思考景观背后的意识形态与价值取向，重新发展相应的建设理念与方法。基于以上背景，作者的研究以问题为导向，以景观为切入点，力求在重新阐释乡村景观定位的基础上，探寻将乡村人居环境的可持续发展转化为系统可操作的方法体系。研究结合浙江地区案例，在新的产业、社会转型背景下，整合多学科的知识，提炼出内容的系统性、过程的控制性、格局的生态性以及利益的共生性四个模块，并进一步探讨具体可操作的规划策略与方法，以实现乡村人居环境的和谐与发展，对当下的乡村人居环境建设具有很好的参考价值。

　　希望孙炜玮在其后续的学术研究与实践工作中取得更为深入的成果。

2016 年 6 月于杭州玉泉

前　言

攻读博士期间,我在导师的引领之下进入了乡村人居环境的研究与实践领域。也许和很多博士研究生一样,我曾经在乡村领域不断徘徊,为寻找论文的最终方向而困惑不已。最后确定下"景观"这个选题源于居伊·德波的《景观社会》,还记得初读到时的震撼,凭此一书,迅速地确定了"乡村景观"作为论文的选题,心生笃定。

景观,这个被法国著名思想家居伊·德波作为新社会批判理论中的关键词,原意为一种被展现出来的可视的客观景色、风景,也意指一种主体性的、有意识的表演和作秀。费尔巴哈所言"符号胜过实物、副本胜过原本、表象胜过现实、现象胜过本质"的现象正是对这种表演和作秀的最佳阐释。遗憾的是,在中国持续的现代化与城市化进程中,这种景观幻像已经悄悄来到了乡村。在政治与资本利益驱动之下,村庄的形态、规模、尺度、关系等发生着剧变。这些都涉及景观的认知与把握。在热火朝天的"乡建"中,原本根植于地方自然与文化环境的传统乡村景观被异化为许多"乡愁""美丽"的符号与表象,取代了乡村生活的真实与原本,面容奇特。

良性、健康的乡村景观是建立在地方自然生境、经济生产、居住生活三部分有机融合、相互支撑之上的有机体,它们之间的相互依存与彼此对应才使得乡村具有了真实、质朴的品质。而诸多现象表明,当下人们对乡村景观的理解走入了脱离村民、脱离日常生活的误区。另一方面,我们也该意识到,在城乡统筹发展、经济社会转型、利益主体多元的新时期,在可持续发展思想的宏观框架之下,乡村景观的营建尚缺乏具体可操作的策略与方法指导。

基于新形势下乡村景观营建的现实需求以及技术缺失,本书以问题为导向,以营建方法为切入点,旨在整体把握乡村景观价值与内涵的基础上,结合当前科学的理论方法与技术成果,探讨乡村景观营建因地制宜的决策和具体可操作的整体方法。乡村景观的营建整体方法从本质上说是学习传统乡村景观的精神的根基,研究试图越过表象误区,重归乡村景观本真,在新的时代发展背景下实现乡村自然、社会与经济的健康平衡发展。

本书首先从对浙江省乡村景观建设现状以及国内外研究现状的分析开始,对乡村景观的内涵及其价值生成机制进行全面解读,通过大量的文献、调研、实证研究,分析既有乡村景观营建方法的演变,反思其存在的问题,提出应以一种整体的观念与视角来把握乡村景观的内涵与发展规律;

其次,结合系统论、控制论、景观生态学与生物共生原理,从多维视野中整体地把握系统的构成关系,从内容的系统性、过程的控制性、格局的生态性、利益的共生性四个方面来整合提出了景观营建的整体方法体系;

此外,本书整体地把握系统的构成关系,结合浙江地区案例与课题组大量规划实践,建立了一套基于内容、过程、格局、利益的乡村景观营建的通用方法。整套方法体现出逻辑性、可操作性和开放性,涵盖村域、村落、宅院三个空间层级,可为今后的乡村景观可持续研究乃至城市景观的相关研究提供理论与方法基础。

　　基于当下乡村的多元类型，本研究只是开启了一个研究视域，不同乡村的具体情况与实际问题，还有待今后逐步聚焦并深入探讨。受时间、精力与篇幅所限，相关研究内容难免有失误与不当之处，敬请广大读者批评、指正。

孙炜玮

2016 年 6 月

浙江大学乡村人居环境研究中心

农村人居环境的建设是我国新时期经济、社会和环境的发展程度与水平的重要标志,对其可持续发展适宜性途径的理论与方法研究已成为学科的前沿。按照中央统筹城乡发展的总体要求,围绕积极稳妥推进城镇化,提升农村发展质量和水平的战略任务,为贯彻落实《国家中长期科学和技术发展规划纲要(2006—2020 年)》的要求,为加强农村建设和城镇化发展的科技自主创新能力,为建设乡村人居环境提供技术支持。2011 年,浙江大学建筑工程学院成立了乡村人居环境研究中心(以下简称"中心")。

"中心"主任由王竹教授担任,副主任及各专业方向负责人由李王鸣教授、葛坚教授、贺勇教授、毛义华教授等担任。"中心"长期立足于乡村人居环境建设的社会、经济与环境现状,整合了相关专业领域的优势创新力量,将自然地理、经济发展与人居系统纳入统一视野。截至目前,"中心"已完成 120 多个农村调研与规划设计项目;出版专著 15 部,发表论文 200 余篇;培养博士 30 人,硕士 160 余人;为地方培训 3 000 余人次。

"中心"在重大科研项目和重大工程建设项目联合攻关中的合作与沟通,积极促进了多学科的交叉与协作,实现信息和知识的共享,从而使每个成员的综合能力和视野得到全面拓展;建立了实用、高效的科技人才培养和科学评价机制,并与国家和地区的重大科研计划、人才培养实现对接,努力造就一批国内外一流水平的科学家和科技领军人才,注重培养一批奋发向上、勇于探索、勤于实践的青年科技英才。建立一支在乡村人居环境建设理论与方法领域方面具有国内外影响力的人才队伍,力争在地区乃至全国农村人居环境建设领域处于领先地位。

"中心"按照国家和地方城镇化与村镇建设的战略需求和发展目标,整体部署、统筹规划,重点攻克一批重大关键技术与共性技术,强化村镇建设与城镇化发展科技能力建设,开展重大科技工程和应用示范。

"中心"从 6 个方向开展系统的研究,通过产学研的互相结合,将最新研究成果运用于乡村人居环境建设实践中。(1) 村庄建设规划途径与技术体系研究;(2) 乡村社区建设及其保障体系;(3) 乡村建筑风貌以及营造技术体系;(4) 乡村适宜性绿色建筑技术体系;(5) 乡村人居健康保障与环境治理;(6) 农村特色产业与服务业研究。

"中心"承担有两个国家自然科学基金重点项目——"长江三角洲地区低碳乡村人居环境营建体系研究""中国城市化格局、过程及其机理研究";四个国家自然科学基金面上项目——"长江三角洲绿色住居机理与适宜性模式研究""基于村民主体视角的乡村建造模式研究""长江三角洲湿地类型基本人居生态单元适宜性模式及其评价体系研究""基于绿色基础设施评价的长三角地区中小城市增长边界研究";四个国家科技支撑计划课题——"长三角农村乡土特色保护与传承关键技术研究与示范""浙江省杭嘉湖地区乡村现代化进程中的空间模式及其风貌特征""建筑用能系统评价优化与自保温体系研究及示范""江南民居适宜节能技术集成设计方法及工程示范""村镇旅游资源开发与生态化关键技术研究与示范"等。

目　　录

1　绪论 ……………………………………………………………………………… 1
　1.1　转型中的乡村景观 ………………………………………………………… 1
　　1.1.1　现象与问题 ………………………………………………………… 1
　　1.1.2　反思 ………………………………………………………………… 3
　1.2　乡村景观研究理论视野 …………………………………………………… 4
　　1.2.1　建筑、规划、景观学科的研究动态 ………………………………… 4
　　1.2.2　其他学科的研究动态 ……………………………………………… 7
　　1.2.3　代表性乡村建设实践 ……………………………………………… 8
　　1.2.4　基于整体视角的相关研究与实践 ………………………………… 9
　1.3　世界各国及地区的乡村更新经验 ………………………………………… 10
　1.4　关于景观整体营建方法的研究 …………………………………………… 11
　1.5　本章小结 …………………………………………………………………… 13

2　乡村景观营建方法的解读与诠释 …………………………………………… 15
　2.1　乡村景观的内涵及其营建方法界定 ……………………………………… 15
　　2.1.1　景观的内涵 ………………………………………………………… 15
　　2.1.2　乡村景观的内涵 …………………………………………………… 16
　　2.1.3　乡村景观营建方法的诠释 ………………………………………… 18
　2.2　传统乡村景观的特征与营建方法 ………………………………………… 19
　　2.2.1　传统乡村景观的特征 ……………………………………………… 20
　　2.2.2　传统乡村景观的营建方法 ………………………………………… 21
　2.3　当下乡村景观的特征与营建方法 ………………………………………… 23
　　2.3.1　当下乡村景观的特征 ……………………………………………… 24
　　2.3.2　"自下而上"：村民的自发营建 …………………………………… 28
　　2.3.3　"自上而下"：政府主导的营建 …………………………………… 31
　2.4　乡村景观营建方法的转型 ………………………………………………… 33

2.5　本章小结 ·· 34

3　乡村景观整体营建方法的理论基础 ··· 35
　3.1　理论基础 ··· 35
　　3.1.1　系统论原理 ·· 35
　　3.1.2　控制论原理 ·· 37
　　3.1.3　景观生态学原理 ··· 38
　　3.1.4　共生原理 ··· 41
　3.2　关于乡村景观的整体营建方法 ·· 45
　3.3　本章小结 ··· 46

4　乡村景观营建内容的系统性 ··· 47
　4.1　营建内容的系统性 ··· 47
　　4.1.1　系统要素的关联性 ·· 47
　　4.1.2　系统层级的整体性 ·· 48
　　4.1.3　系统演进的动态性 ·· 49
　4.2　系统视野下的乡村景观营建要素 ··· 49
　　4.2.1　村域层级 ··· 50
　　4.2.2　村落层级 ··· 51
　　4.2.3　宅院层级 ··· 52
　4.3　体现内容系统性的技术方法 ··· 53
　　4.3.1　基于系统优化的乡村景观营建目标与原则 ···································· 53
　　4.3.2　乡村产业转型与拓展的途径与方法 ·· 54
　4.4　技术方法的实践应用 ·· 57
　　4.4.1　整体优化案例:黄岗村村庄规划实践 ··· 57
　　4.4.2　局部优化案例:砚瓦山村"石头公园"规划实践 ································ 59
　4.5　本章小结 ··· 61

5　乡村景观营建过程的控制性 ··· 62
　5.1　乡村景观整体营建的价值目标 ·· 62
　　5.1.1　乡村景观价值评价 ·· 62
　　5.1.2　乡村景观的价值目标体系 ·· 63
　　5.1.3　乡村景观价值目标的影响机理 ·· 65
　5.2　整体视野下的营建过程解析 ··· 67
　　5.2.1　传统营建过程的案例解读 ·· 68
　　5.2.2　传统营建过程存在的问题 ·· 70
　　5.2.3　整体视野下的营建过程转型 ·· 71

5.3　整体营建过程的控制体系建构 ·· 75
　5.3.1　环节一:信息采集 ··· 75
　5.3.2　环节二:信息的处理与分析 ·· 77
　5.3.3　环节三:目标确定 ··· 78
　5.3.4　环节四:多方案的提出 ··· 78
　5.3.5　环节五:信息反馈 ··· 80
　5.3.6　环节六:成果输出 ··· 80
5.4　本章小结 ·· 81

6　乡村景观营建格局的生态性 ··· 82
6.1　乡村景观生态营建的基本原则 ·· 82
　6.1.1　景观结构的保护与优化 ··· 82
　6.1.2　景观功能的补充与完善 ··· 83
　6.1.3　景观动态的平衡与协调 ··· 84
6.2　村域层级的景观生态营建模式 ·· 84
　6.2.1　山地丘陵型乡村的适宜模式 ·· 86
　6.2.2　平原水网型乡村的适宜模式 ·· 88
6.3　村落层级的景观生态营建途径 ·· 90
　6.3.1　景观节点的激活 ··· 90
　6.3.2　街巷网络的提升 ··· 92
　6.3.3　河道护岸的整治 ··· 96
　6.3.4　水体资源的再生 ··· 98
6.4　宅院层级的景观生态营建策略 ·· 101
　6.4.1　因地制宜的山地建筑布局 ·· 102
　6.4.2　宅院雨水的资源化利用 ··· 103
6.5　本章小结 ·· 105

7　乡村景观营建利益的共生性 ··· 106
7.1　乡村景观利益的共生系统 ··· 106
　7.1.1　利益主体的概念与范围 ··· 106
　7.1.2　利益主体视角下的共生单元 ·· 107
　7.1.3　利益主体视角下的共生环境 ·· 109
　7.1.4　共生关系建立的基本原则 ·· 110
7.2　村民与旅游企业的共生 ··· 112
　7.2.1　乡村商业设施的特征分析 ·· 112
　7.2.2　乡村商业设施的规模控制 ·· 113
　7.2.3　乡村商业设施的差异性打造 ·· 114

7.3 村民与游客的共生 ···························· 114
　　7.3.1 公共设施的协同建设 ···················· 114
　　7.3.2 宅院单元的产住平衡 ···················· 117
7.4 村民与管理者的共生 ························ 118
　　7.4.1 乡村景观整治的三种演进模式 ············ 119
　　7.4.2 "导控＋地方自治"的营建方法 ·········· 121
7.5 本章小结 ·································· 130

8 结语：走向整体的乡村景观营建方法 ················ 132

参考文献 ·· 136

图注 ·· 144

表注 ·· 148

致谢 ·· 150

1 绪论

1.1 转型中的乡村景观

21世纪以来,乡村建设重新进入人们的视野。中共十六届五中全会明确提出"社会主义新农村建设",在全国范围内拉开了乡村建设的序幕。2012年,中共十八大提出努力建设"美丽中国"的发展方向,同年的中央经济工作会议提出"新型城镇化"发展理念,2016年中央一号文件又进一步提出"推进农村产业融合,推动城乡协调发展,增强农村发展内生动力"。在国家的一系列宏观政策大背景下,中国的乡村正面临缩小城乡差距、实现宜居乡村、构建和谐社会的历史性契机,乡村建设正如火如荼地展开。

作为中国经济最发达的省份之一,浙江省于2003年率先展开了"千村示范、万村整治"的工程,大力推进了村庄规划的编制,并着力于村庄环境整治、示范村建设,以及全面改善农村基础设施。2010年,浙江省又提出全面建设"美丽乡村"的目标,并专门制定了《浙江省美丽乡村建设行动计划(2011—2015年)》。十多年来浙江乡村的产业结构与社会形态呈现出多元的态势,一方面,乡村建设已初见成效,村容村貌显著改善,村民经济水平、生活质量明显提高;但另一方面,在城市化的影响和盲目追求经济的增长的导向下,大量对乡村景观的误读与建设性破坏现象也愈演愈烈,乡村景观受到了前所未有的冲击。

1.1.1 现象与问题

假如我们认真考察当下乡村的真实样貌,也许会被眼前的景象所震惊。

首先就是景观风貌图像化,脱离地域本真。纵观当下诸多的乡村建设,或简单套用城市小区模式,或全面效仿传统乡村风格,或大力发展所谓精品民宿……景观营建还是停留在"视觉美化"这一表象误区,"化妆运动"将景观异化为一种模式化、概念化的符号和图像,同乡村的地域、真实生活并无必然的关联,从而使村落自然景观特色以及原生态的人文景观受到破坏(图1.1~图1.3)。

其次是自组织建设无序化、打破人地平衡。随着"新农村建设"以及"迁村并点"的不断深入,乡村的建设规模与强度快速膨胀。以村民"自发营建"和村委"集体安置"的自组织建设途径,在有限的专业知识以及审美能力之下,带来土地的无序粗放利用和人居的低下内在品质。

再次,资源开发逐利化、打破产住平衡。在经济产业转型驱动中,乡村的产业空间、从业人员都在不断扩展,流动人口剧增,极大地冲击了乡村日常生活的私密性、稳定性与质朴品质。以发展旅游业的乡村为例,一到节假日车辆穿梭、游人如织,商业越来越渗透到居住的每个角落,一些村民纷纷将自家的居住用房用来进行经营活动,家庭日常生活(尤其是老人和儿童)受到极大干扰。商业活动中村民的价值观念受市场经济冲击,在经济活动中逐利思想严重,传统互助守望的公共网络关系面临离散的危险(图1.4)。而现实的景观建设缺乏对这些现象的考虑。

图 1.1　江苏华西村的高塔

图 1.2　"改头换面"的浙江滕头村

(图片来源:百度图片)

图 1.3　浙江舟山某乡村(对地方景观的再改造)

图 1.4　浙江杭州青芝坞的街巷

(图片来源:笔者自摄)

不难发现,中国正处于传统乡村景观向现代乡村景观转型的过渡阶段,如何实现顺利转型、实现乡村景观的可持续发展值得人们深入思考。而以上诸多现象表现出当前人们对乡村景观的理解有一种片面、浅层的特征,此时的景观已经脱离了地方、脱离了村民日常,异化为一种零散、片断的概念化符号和形式。作为这一趋势的结果,景观一方面表现为传统文脉延续性的断裂;另一方面,各种符号片段在乡村景观上的随机应用并不能说明意义的多样化,恰恰相反,由于与主体生活世界的脱离,乡村景观在意义上则表现出实质上日趋贫瘠化的倾向①。

---

①　娄永琪.系统与生活世界理论视点下的长三角农村居住形态[J].城市规划学刊,2005(5):38-43.

1.1.2　反思

　　乡村景观的异化,其实反映出对于乡村景观内涵的僵化、模式化认识,特别是将景观简单理解为视觉审美的对象。也反映出在我国乡村建设的初级阶段,在主体、制度、规划理论与方法层面上的误区与不足。

　　首先,对乡村景观的内涵缺乏正确认识。传统乡村是建立在地方自然生态、经济生产、居住生活三部分有机融合之上的有机体,乡村景观呈现出形式与乡村地方生活之间的密切关联,因而显得真实、质朴、多样。在乡村规划建设中,良性、健康的乡村景观并不以外在空间与形体审美为代表,更不应是辉煌的经济指数增长,而应是指向乡村自然生态、经济生产、居住生活三者的有机关联、健康发展而呈现出的“地方”或者说“本土”生命活力。从该意义上说,乡村景观的建设必须是一种关乎“内部”的生态建设,必须从整体利益出发,对乡村生命体全面、系统地整体营建。而在当下的乡村规划中,一方面在利益驱动与技术理性之下,设计者或管理者片面、局部地强调风貌表象或经济的发展,大搞“形象工程”“大拆大建”;另一方面村民则由于本身认识与审美素养的欠缺,在建设中盲目模仿城市或西方建筑模式,使很多住宅不伦不类、面目全非。以上做法都使乡村景观脱离了地方的根基,这种“无根”的状态与乡村的本真愈行愈远。

　　其次,对乡村景观的主体缺乏正确认识。如列斐伏尔对空间的定义:空间是社会的产物[1],景观亦相同。景观的背后有诸多的经济与社会的动因,从某种意义上可以说,景观是人们集体意识投射的结果。问题是,集体意识的主体代表的是谁? 在经济利益驱动下,景观的形态更多地为消费所驱动,代表的是资本的意识,体现出以投资为导向的景观建设;在技术理性之下,村民的需求几乎不被或者很少被采纳,景观的形态更多地掌握在管理者与设计者手中,彰显的是管理者、设计者的自我意识;而真正的主体——使用者却走向缺失。从城市到乡村,当下许多的景观异化现象正是主体缺失的结果。其实,对乡村景观主体的认识偏差也是对乡村景观内涵的认识偏差。可见,新农村建设真正走上健康发展道路的过程,不但是复杂的而且是艰难的,因为这不仅仅是技术性问题,更重要的是思想观念认识问题,特别是在乡村景观意义和内涵理解上的误区。

　　第三,存在多头管理与分头规划的问题。当前,我国乡村景观的营建主要通过乡村规划来实现,当下乡村景观的异化现象与当下乡村的规划管理模式也有着直接的关联。目前,由于体制条块分割,乡村的建设存在着多头管理现象,旅游经济背景下的乡村就处于旅游局、农村工作领导小组办公室(以下简称“农办”)、建设局管理三权分立的状态。旅游局更多地关注旅游活动的展开以及旅游设施的建设,农办关注农村事务管理和决策,而建设局则负责指导村庄建设项目、住宅以及基础设施等各项建设活动。这种多头管理的格局同时带来分头规划的现象,旅游规划、村庄规划、产业规划分头实施,不利于合作与协调,反而会引起相关建设的无序竞争。如此之下,会导致乡村建设局部与整体利益、社会与经济效益、长期与短期效益的失衡,也极大地影响了乡村建设的有效实施。

---

　　① Henri Lefebvre. The Production of Space[M]. Oxford:Blackwell,1991.

此外,缺乏整体的、具有可操作性的乡村景观营建理论与方法指导。由于长期以来城乡二元制度带来的"城乡分治",我国对乡村建设的问题关注甚少。自 20 世纪 90 年代以来,随着全国城乡统筹、新农村建设的展开,我国逐渐建立了相关技术标准,乡村规划工作得到了广泛的重视。1993 年,国务院颁布《村庄和集镇规划建设管理条例》(1993),1994 年建设部与国家质量技术监督局共同颁布《村镇规划标准》(GB50188—93),2000 年建设部出台了《村镇规划编制办法(试行)》(2000),初步建立了我国村镇规划的技术标准体系。在这些技术标准体系下,当前的乡村规划主要包括总体规划、建设规划(详细规划),但在具体的规划理论与方法上还存在着很大的不足。具体地说,随着时代的发展,乡村规划面临需要解决的问题日益复杂化,诸如乡村产业的转型、景观资源的保护、旅游产品开发、土地利用、乡村社会文化的变迁等问题,需要在规划设计中进行全面、综合的整体考虑。而在实际中规划设计多从视觉审美、经济发展的角度,缺乏对乡村居民心理、行为的关注,造成规则不切实际、使用不便的现象,因此其实施效果不佳。此外,在实际的规划实践中,设计师多套用城市"自上而下"景观营建的理念与工作方法,规划成果更多地反映了管理者、开发者的利益与游客的需求,而对村民需求的关注甚少。由此导致乡村景观的建设逐渐脱离地方生活的真实需求,因此村民的积极性并不高。

总的来说,乡村景观的异化主要根源于观念、制度、管理以及片断、孤立的规划方法等误区与不足,由此指导的乡村景观也难以实现结构的优化与良性发展。因此,观念的更新是前提、整体方法的建立是关键。在这样一个背景下,有必要回归乡村景观的本质,探讨乡村整体建设的科学依据和有效方法,最终实现乡村经济、社会与环境的良性健康发展。

1.2   乡村景观研究理论视野

2015 年 1 月,中国城市规划学会正式成立"乡村规划与建设学术委员会",并在同济大学展开乡建论坛,从研究方法、规划策略、社会治理等方面展开了充分的探讨①。在此标志性事件中,"乡村地区健康发展是当前新型城镇化的核心问题"已经成为普遍共识,也意味着乡村建设的理论与实践探讨已经引起学术界的广泛重视。从目前的现状来看,国内相关方向的研究主体主要可分为三种类型:①以国家自然科学基金委资助的研究团体;②以高等院校、科研机构为依托,学术带头人为核心的研究群体;③其他层面的研究与实践队伍,如设计院、NGO(非政府组织)等。同时,基于乡村建设的复杂性,乡村建设并不限于建筑、规划、景观相关学科,也同时成为地理学、社会学、经济管理学、旅游学等学科研究的重点。

1.2.1   建筑、规划、景观学科的研究动态

20 世纪 90 年代以来,乡村建筑、规划、景观学科方面的相关研究主要从空间形态、社会变迁、景观格局、旅游经济、适宜技术等方面探讨各地乡村在当下的问题、特点与解决途径。

---

① 中国城市规划网. 中国城市规划学会乡村规划与建设学术委员会成立[EB/OL]. [2015 - 01 - 12]. http://www. planning. org. cn.

概括起来看,上述研究主要着眼于以下三个角度。

1) 传统民居与聚落的角度

陈志华教授自1989年始与楼庆西、李秋香组创"乡土建筑研究组",在浙江、安徽、福建、广东等地对我国乡土聚落以及建筑进行了大量的调查和研究[①]。他们提出并实践了"以乡土聚落为单元的整体研究和整体保护"的方法论,把乡土建筑放在完整的社会、历史、环境背景中进行动态的研究[②]。

以单德启教授为代表的学术团队长期致力于中国传统民居和当代乡土聚落的研究与实践,先后主持国家自然科学基金"人与居住环境——中国民居""中国传统民居聚落的保护与更新"等项目,并在广西融水县各村寨改建中尝试运用专家与村民共同参与、政府支持、企业实体运营的整体思维模式,为乡村地区村落更新的实证研究方法提供借鉴与启发的案例[③]。

20世纪90年代以来,东南大学以段进、龚恺等教授为代表的学术团队在传统民居与聚落领域取得了丰富的研究成果。龚恺教授及其团队对徽州古村落建筑进行了详细的调研与测绘,在1993年至1999年间编著了《徽州古建筑丛书》系列共5部著作。东南大学段进教授的团队于2006年完成了国家自然科学基金"中国申报世界文化遗产的村镇空间生长模型研究",对中国传统聚落空间发展规律、类型及研究方法进行了深入探索与实证研究,出版了一系列村镇空间系列著作:《城镇空间解析:太湖流域古镇空间结构与形态》(2002)、《空间研究1:世界文化遗产西递古村落空间解析》(2006)、《空间研究4:世界文化遗产宏村古村落空间解析》(2009)。此外,李立结合江南地区,系统地研究了中国现代化进程中乡村聚落的形态、类型与演变[④]。

西安建筑科技大学以周若祁、刘加平、王竹为代表的学术团队于2001年完成了国家自然科学基金"九五"重点资助项目"绿色建筑体系与黄土高原基本聚居模式研究",对黄土高原的乡村聚落进行了深入的研究[⑤]。刘加平教授研究团队以乡村建筑节能和生态民居建筑为主要研究方向,主持完成了国家自然科学基金项目"传统民居生态建筑经验的科学化与技术化研究"等多项课题的研究工作[⑥]。此外,周若祁教授主持完成了中日合作项目"中国北方传统聚落及民居研究",出版专著《韩城村寨与党家村民居》(1999);刘克成教授承担了国家自然科学基金项目"乡土聚落形态结构演变理论研究",对村落形态结构的演变进行了分析,并提出了以形态动力学原理分析乡镇形态结构的研究方法[⑦]。此外,还有雷振东对黄土沟壑区乡村聚落的集约化转型模式研究[⑧]。

① 陈志华,李玉祥. 楠溪江中游古村落[M]. 北京:生活·读书·新知三联书店,2015.
② 陈志华. 乡土建筑研究提纲——以聚落研究为例[J]. 建筑师,1998(04):43-49.
③ 王晖,肖明,王乘. 民居聚落再生之路——广西融水县苗族民房改建模式考察[J]. 建筑学报,2005(07):32-35.
④ 李立. 乡村聚落:形态、类型与演变——以江南地区为例[M]. 南京:东南大学出版社,2007.
⑤ 周若祁. 绿色建筑体系与黄土高原基本聚居模式[M]. 北京:中国建筑工业出版社,2007.
⑥ 刘加平. 传统民居生态建筑经验的科学化与再生[J]. 中国科学基金,2003(4):234-236.
⑦ 刘克成,肖莉. 乡镇形态结构演变的动力学原理[J]. 西安冶金建筑学院学报,1994(增2):5-23.
⑧ 雷振东. 整合与重构:关中乡村聚落转型研究[M]. 南京:东南大学出版社,2009.

2) 发达乡村人居环境的角度

关注新时期背景下乡村人居环境的健康可持续发展,如同济大学张尚武教授对乡村定位、设施配置、规划组织进行了探讨[1];同济大学李京生教授对乡村空间构成、农业三产化途径进行了探讨[2];华中科技大学洪亮平探讨了新时期推进乡村发展的社会资本运作策略[3]。

以浙江大学王竹教授为代表的学术团队针对长江三角洲地区特有的自然、经济以及社会条件下可持续发展的城乡人居环境,开展了大量富有原创性意义的理论与实践研究,提出并探讨了"地域基因[4][5]""地域细胞[6]"概念;结合江南地区乡村的研究与实践,提出村镇生态人居的地域营建体系[7];站在村民主体的角度,探讨乡村建造内在规律、观念与方法[8][9];在湖南韶山、贵州遵义、浙江安吉、浙江金华等地展开了大量乡村规划实践。

3) 乡村景观营建理论与方法的角度

以同济大学刘滨谊教授为代表的学术团队从景观旅游的视角,提出乡土景观是可以开发利用的综合资源,是具有效用、功能、美学、娱乐和生态五大价值属性的景观综合体,包括乡村聚落景观、生产性景观和自然生态景观[10]。此外,王云才[11]、陈威[12]分别探讨了乡村景观规划设计的理论与方法。

西安建筑科技大学刘晖教授以景观学理念为出发点,以人居环境生态安全为目标,应用景观格局的分析方法、生态安全的评价方法,建构了以小流域土地空间单元为核心的"黄土高原人居生态单元"的科学理论模型,以及不同类型人居生态环境的安全模式、评价理论体系。

中国农业大学以刘黎明教授为代表的学术团队对新农村建设中的乡村景观规划进行了研究。提出乡村景观规划应遵循整体综合性、景观多样性、场所最吻合和生态美学原则,采用保护乡村生态环境敏感区、完善景观结构、建设生态工程、创造和谐人工景观等相应规划方法[13][14]。

北京大学景观设计研究院俞孔坚教授在城乡景观的研究上做出了杰出贡献。基于城市

---

① 张尚武. 乡村规划:特点与难点[J]. 城市规划,2014(02):17-21.
② 李京生,周丽嫒. 新型城镇化视角下的郊区农业三产化与城乡规划 浙江省奉化市萧王庙地区规划概念[J]. 时代建筑,2013(06):42-47.
③ 乔杰,洪亮平,王莹. 基于社会资本利用的乡村发展认知与应对[C]//2014中国城市规划年会论文集. 海口,2014.
④ 刘莹,王竹. 绿色住居"地域基因理论研究概论"[J]. 新建筑,2003(2):21-23.
⑤ 王竹,魏秦,贺勇. 地区建筑营建体系的"基因说"诠释——黄土高原绿色窑居住区体系的建构与实践[J]. 建筑师,2008(1):29-35.
⑥ 贺勇. 适宜性人居环境研究——"基本人居生态单元"的概念与方法[D]. 杭州:浙江大学,2004.
⑦ 王竹,范理杨,陈宗炎. 新乡村"生态人居"模式研究——以中国江南地区乡村为例[J]. 建筑学报,2011(4):22-26.
⑧ 贺勇,孙炜玮,马灵燕. 乡村建造,作为一种观念与方法[J]. 建筑学报,2011(4):19-22.
⑨ 贺勇. 乡村建造,作为一种观照[J]. 西部人居环境学刊,2015(03):6-11.
⑩ 刘滨谊,王云才. 论中国乡村景观评价的理论基础与指标体系[J]. 中国园林,2002(05):76-79.
⑪ 王云才,刘滨谊. 论中国乡村景观及乡村景观规划[J]. 中国园林,2003,19(1):55-58.
⑫ 陈威. 景观新农村:乡村景观规划理论与方法[M]. 北京:中国电力出版社,2007.
⑬ 刘黎明. 乡村景观规划的发展历史及其在我国的发展前景[J]. 农村生态环境,2001,17(1):52-55.
⑭ 谢花林,刘黎明,李蕾. 乡村景观规划设计的相关问题探讨[J]. 中国园林,2003(3):39-41.

的快速发展导致的人地危机以及由此引发的社会问题,提出了"景观安全格局(SP)"①"反规划"②③的方法并在城乡规划上积极的实践应用。

衡阳师范学院刘沛林教授在村落景观与旅游开发方面做了大量的研究。在古村落研究中引入"意象"概念,提出古村落景观的基本意象为生态意象、山水意象、宗族意象和趋吉意象④;借助GIS(地理信息系统)技术,引入生物学相关概念,针对中国传统聚落景观基因及景观图谱进行了深入研究⑤。

此外,浙江大学包志毅⑥、中国美术学院李凯生⑦等学者分别从乡村景观、土地利用、聚落空间等角度,针对乡村的可持续发展进行了卓有成效的研究,在此不一一赘述。

1.2.2　其他学科的研究动态

基于乡村建设的复杂性,乡村也成为地理学、社会学、经济管理学、乡村旅游学等学科研究的重点,主要的研究领域包括:

1) 地理学

南京师范大学金其铭教授从地理学领域对乡村聚落及其景观做了大量研究工作,出版了著作《中国农村聚落地理》(1989)、《乡村地理学》(1990)等。南京师范大学张小林重点研究了乡村社会经济变迁中的空间演变,以苏南乡村为例,从空间结构、关系、过程及动力机制等方面对乡村空间系统的演变进行了实证研究⑧。周心琴从苏南乡村聚落景观、经济景观和生活景观三个方面探讨了城市化进程中乡村景观的变迁⑨。

2) 社会学

乡村是中国社会的基本单位,中国乡村社会学研究的开启以费孝通为代表。1948年,费孝通发表了著作《乡土中国》⑩,通过对当时整个乡村社会的观察,分十四章研究中国乡村并总结其特征,如"熟人社会""差序格局"等,成为中国乡村研究的必读经典;此外,华中科技大学贺雪峰教授提出原子化理论,将中国乡村共同体的现状描述为"社会原子化"现象,并从乡村治理的角度,建构了全国若干区域性的典型村治模式⑪。从社会变迁的角度,较为典型

① 俞孔坚.景观:文化、生态与感知[M].北京:科学出版社,1998.
② 文爱平,俞孔坚.新农村建设宜先做"反规划"[J].北京规划建设,2006(03):189-191.
③ 俞孔坚,李迪华,韩西丽.论"反规划"[J].城市规划,2005,29(9):64-69.
④ 刘沛林,董双双.中国古村落景观的空间意象研究[J].地理研究,1998(3):31-38.
⑤ 刘沛林.中国传统聚落景观基因图谱的构建与应用研究[D].北京:北京大学,2011.
⑥ 包志毅,陈波.乡村可持续性土地利用景观生态规划的几种模式[J].浙江大学学报(农业与生命科学版),2004,30(1):57-62.
⑦ 李凯生.乡村空间的清正[J].时代建筑,2007(4):10-15.
⑧ 张小林.乡村空间系统及其演变研究:以苏南为例[M].南京:南京师范大学出版社,1999.
⑨ 周心琴.城市化进程中乡村景观变迁研究——以苏南为例[D].南京:南京师范大学,2006.
⑩ 费孝通.乡土中国[M].上海:上海世纪出版集团,2007.
⑪ 贺雪峰.村治模式:若干案例研究[M].济南:山东人民出版社,2009.

的研究有曹锦清等①、熊培云②从日常生活视角展开的研究,清华大学郭于华③通过长达 15 年的田野访谈,对关中农村社会变迁展开研究。

3) 经济管理学

从乡村经济的角度,针对"去工业化"趋势以及中国原住民的"小农经济"特征,温铁军探讨了中国农业从 1.0 向 4.0 演进的发展思路④。提出农业 4.0 需要与"互联网+"这个工具密切结合,使用互联网+本地化的题材、景观、本地化的标志、休闲旅游等。更大程度是要利用互联网内在体现的各阶层公平参与,实现市民与农民都能够广泛参与的"社会化生态农业";浙江大学"农业现代化与农村发展研究中心"(简称"卡特")黄祖辉教授从农业与农村经济发展与管理角度展开了大量的探讨⑤。

4) 乡村旅游学

从乡村旅游的角度,东南大学以周武忠教授为代表的研究团队在旅游景区规划方面进行了大量的研究与实践,出版专著《旅游景区规划研究》⑥。在乡村景观规划实践中,提出了"新乡村主义论"的旅游规划思想及其发展模式,认为新乡村主义的核心是"乡村性",即无论是农业生产、农村生活还是乡村旅游,都应该尽量保持适合乡村实际的、原汁原味的风貌;乡村旅游的核心产品是风土、风物、风俗、风景;新乡村主义的发展模式为生态、生产、生活的"三生和谐"⑦。

安徽师范大学卢松从社区居民的视角研究了旅游发展的区域影响,以皖南古村落为案例,研究了历史文化村落旅游地居民的感知特征、规律及形成机制,揭示了一系列历史文化村落旅游发展的规律和现象⑧,对类似村镇的旅游开发和管理具有积极的借鉴作用。

1.2.3   代表性乡村建设实践

在乡村建设实践上,近些年朱胜萱"田园东方"团队在无锡、莫干山、昆山附近的乡村,展开了民营大资本介入下辐射于整体乡村的文创开发⑨:例如在祝家甸村,以"砖窑"文化体验、创意、教育来激活乡村的再生,并通过农田示范、分散式污水处理、水循环再利用展示来展开示范和培训;在周庄冷家湾村展开"云谷田园"田园综合体实践,旨在打造乡村文创、创客街区、邻里中心、儿童启智和田园生活一体的中国首个"互联网+"下的城乡互动典范。

此外,华润集团通过政府大资本介入,以环境改造、产业帮扶、组织重塑的策略,在遵义、

---

① 曹锦清,张乐天,陈中亚. 当代浙北乡村的社会文化变迁[M]. 上海:上海远东出版社,2001.
② 熊培云. 一个村庄里的中国[M]. 北京:新星出版社,2011.
③ 郭于华. 受苦人的讲述——骥村历史与一种文明的逻辑[M]. 香港:香港中文大学出版社,2013.
④ 温铁军. 中国农业如何从困境中突围?[N]. 中国经济时报,2016-02-19.
⑤ 黄祖辉,赵兴泉,赵铁桥. 中国农民合作经济组织发展:理论、实践与政策管理经济[M]. 杭州:浙江大学出版社,2010.
⑥ 周武忠. 旅游景区规划研究[M]. 南京:东南大学出版社,2008.
⑦ 周武忠. 新乡村主义论[J]. 南京社会科学,2008(7):123-131.
⑧ 卢松. 历史文化村落对旅游影响的感知与态度模式研究[M]. 合肥:安徽人民出版社,2009.
⑨ 田园东方. 一扇回到过去的窗. 微信号"田园东方",2015-09-17.

韶山展开"希望小镇"新农村建设实践①②。欧宁在皖南乡村的"碧山计划",通过艺术家介入的方式积极推动乡村复兴。著名建筑师王澍在文村进行的民宅设计,青年建筑师张雷、徐甜甜分别在桐庐、平阳展开了民宿、农耕馆设计等。

纵观这些实践,多是"大资本"介入、"自上而下"的"乡建开发",或是基于建筑师个人情怀的"小众实践",其根本上与乡村以及村民日常生活并无太多关联。

1.2.4 基于整体视角的相关研究与实践

昆明理工大学以王冬教授为代表的学术团队多年来致力于乡土建筑自我建造的理论研究与实践,特别是从实施策略的角度,运用整体思维对村落的共同建造进行了探讨。在王冬看来,村落建造与其说是一种技术过程,更是一种社会整合过程,对此,他提出了乡村社会建筑学、"村落建造共同体"的概念,并在云南的西双版纳、丽江、迪庆、香格里拉等地区的相关村落,组织村民展开共同建造的试验和实践③④。并承担了国家自然科学基金"少数民族贫困地区乡村社会建筑学基本理论研究"(2007)、"作为方法论的乡土建筑自建体系综合研究"(2012)等多项科研项目。

在新疆建筑勘察设计院王小东院士主持的"喀什老城区阿霍街坊保护改造"项目中,他认为民居的保护与改造不仅仅是建筑和规划的事情,更关系到整个社会生态与结构体系。因此在改造方式上,规划设计坚持尽可能保持原有的整体风貌,并打破了以往大包大揽的习惯做法,而由每户居民自己参与设计。从而调动了村民的积极性,初步实现了村民的态度从"要我改"到"我要改"的转变。在建筑师看来,老城区的风貌是一种建筑、一种生活习惯及民族习惯混合而成的集合体。它存在着一种动态发展的过程,在这个过程中新意识、新科技、新方式不断地与原有集合进行混合,而其成功与否取决于村民的参与程度以及管理者设计者的观念、态度与工作方式⑤。

从研究对象来看,早期研究多集中在传统民居与传统乡村聚落的研究;21世纪以来,在新农村建设、村镇旅游建设的大力推进下,新时期下乡村空间、社会与经济发生了很大变化,研究对象已从传统乡村聚落转向现代化进程中的普通乡村。

从研究区域来看,早期研究多集中在经济欠发达地区,随着乡村建设研究范围的逐渐拓展,经济发达地区的乡村也引起越来越多的关注。

从研究内容来看,现有的研究更多地关注宏观层面的发展战略与方法,以及微观层面的民居建筑的生态改造与更新,对乡村地区在中观层面的可操作的整体建设模式与方法的研究较少。在较少的中观研究中,多从历史遗产保护与形体空间的建筑学本体角度出发,而对"人"的关注较少,少有基于当下经济产业转型与乡村现实生活需求之下的乡村景观整体营

① 王竹,钱振澜."韶山试验"构建经济社会发展导向的乡村人居环境营建方法[J].时代建筑,2015(03):50-54.
② 王竹,陶伊奇,钱振澜.基于地区物候的建筑营造——湖南韶山华润希望小镇社区中心创作[J].建筑与文化,2013(06):41-44.
③ 王冬.尊重民间,向民间学习——建筑师在村镇聚落营造中应关注的几个问题[J].新建筑,2005(4):10-12.
④ 王冬.乡村聚落的共同建造与建筑师的融入[J].时代建筑,2007(4):16-21.
⑤ 王小东,倪一丁,帕孜来提·木特里甫.喀什老城区阿霍街坊保护改造[J].世界建筑导报,2011(02):38-43.

建策略与方法的研究。然而能够突破建筑、规划学专业领域,结合多学科成果,将建设活动综合纳入生态、经济、社会中协调开展研究的则少之更少。

1.3　世界各国及地区的乡村更新经验

为了保护乡村景观、给乡村地区的经济发展注入新的活力,各国政府采取各种措施,对乡村建设给予了积极的支持和引导,极大地推动了乡村景观、产业、生活的同步良性发展。

1) 德国

德国的乡村更新建设从 20 世纪 50 年代的"土地整理"开始[1],60 年代末在全国范围内推行"村镇更新"[2]计划。德国在"村镇更新"建设中,既重视产业、基础设施、服务设施以及住宅开发等符合现代生活和经济活动的功能性要求,也重视保护和延续地方特色的景观风貌,同时也更注重生态保护。"村落更新"的主要目标是:保障农业生产的持续发展,居住与生产空间的合理布局;保障村落在建筑、经济及社会各领域的协调发展,保护村落的内在价值及自主性;维护人类赖以生存的历史文化"根本"和"母体";强化村民的凝聚力等。在规划内容与程序上,"村落更新"包括:现状调查与评价、问题定义、制定村落发展的样板规划和具体的更新规划措施,而这些内容的实现方式更多地采用自下而上的参与式规划[3]。

此外,对乡村景观而言,德国的"区域公园"也起到了积极的推动作用。"区域公园"不是通常的"公园"概念,而是基于城乡统筹和区域统筹考虑的有关"城市边缘"的一种发展战略。区域公园的模式将乡村的建设纳入整个区域的统筹考虑之中,通过建立区域共同的污水管理机构,改善区域公园内部的交通状况、餐饮住宿等旅游服务,建设基础设施和开发市场等措施,给人民提供了一个休闲的专门场所,并且积极地拉动了整个区域经济与乡村景观的发展[4]。

2) 日本

在日本,基于 20 世纪 60 年代以来日本城乡差异增大,农村地区普遍出现了人口高龄化和过疏化问题,日本政府于 70 年代开始采取了"造村运动"和"一村一品"运动,旨在改善乡村环境,缩小城乡差别。该运动倡导每个村庄充分挖掘自身的优势,打造具有地方特色的村庄,极大地激发了村民建设热情,也给乡村景观带来了巨大变化[5]。总结日本农村村镇建设的经验,主要有:①分阶段推进的、长期坚持的农村综合建设。②坚持传统的民族特色。这是与日本工匠和农民积极参与的共同结果分不开的。③以国内农业保障为目的、结合农业生产和工业建设的农村多重产业形态。农村地区多种产业形态的日益发达,允许解放出来的农村劳动力进入工业、副业和第三产业领域。目前,日本在农田耕种方面已基本实现了全

---

① 刘英杰. 德国农业和农村发展政策特点及其启示[J]. 世界农业,2004(2):36-38.

② 王骞. 德国的村镇更新建设. 广东国地资源与环境研究院微信号"国地资讯". 2015-09-09.

③ 王路. 农村建筑传统村落的保护与更新——德国村落更新规划的启示[J]. 建筑学报,1999(11):16-21.

④ 金国中. 借鉴德国经验思考城镇化进程. 人民网 http://theory.people.com.cn/GB/41038/10196120.html

⑤ 黄立华. 日本新农村建设及其对我国的启示[J]. 长春大学学报,2007(1):21-25

机械化作业,更为这一形势创造了条件①。

3) 韩国

20 世纪 70 年代,韩国政府面对工农业严重失调、城乡收入差距悬殊、农村人口大量无序迁移带来的大量社会问题,提出了"新乡村运动"②③,开创了一个发展中国家跨越式、超常规发展的成功模式。新乡村运动是以政府支援、农民自主和项目开发为基本动力和纽带,带动农民全民参与、自发、自觉的家乡建设活动。他们提出的基本精神是"勤勉、自助、合作"。而在韩国的新乡村运动开展的同时,传统的乡村景观也得以有效的保护,极大地推动了韩国乡村旅游业和生态旅游业的发展。新乡村运动经验与启示包括:①坚持村民为主体,激发和引导民众的积极性和创造力。②推动乡村的整体建设。以农业结构调整为基础,进一步发展多种经营,改善农村的生活环境和文化环境,推动乡村地域整体的结构更新,而不仅仅是"美丽"乡村建设。这种整体的建设有效地保护了传统的乡村景观。

4) 中国台湾

我国台湾地区通过"产业先行""一村一品"的方式推动乡村建设④:在 20 世纪 70 年代将"农地重划"政策纳入"农村建设计划"和"经济建设计划",到 2000 年又将"农地重划"与改善农村生态环境相结合,通过农地集中、基础设施的完善、推动多种新型经营组织方式的途径,同步改善了乡村的环境和景观效果。

此外,在乡村一体化实践中,德国、瑞士等乡村将特色农产品(奶酪、葡萄等)向深度体验(加工、品鉴)拓展,并坚持"特色化、小规模、不断改良"的产业发展路径,实现了乡村景观、产业、生活的平衡发展。例如,瑞士拉沃乡村将葡萄种植和酿酒业特色的地方产业与乡村景观、旅游业发展相结合,形成了产业、景观系统的良性互动。

纵观乡村更新建设方面的有益探索,发达国家乡村建设均较为成熟,城乡发展早已高度一体化。在乡村景观的建设中,国外非常重视保护乡村景观的原生性,并结合现有产业资源同步进行综合、整体的开发。同时,西方乡村建设关注个体的行为、态度等在乡村发展中的作用,激发并引导村民的发展需求。当然,由于乡村的建设与国家制度、土地性质、社会结构、人口规模、经济水平等密切相关,对于中国长期以来人口压力巨大、人地矛盾突出等的特殊国情,国外的发展实践与经验不能拿来照搬,只能作为比较与参考。

1.4　关于景观整体营建方法的研究

景观与人们之间存在着复杂的互动关系,景观是人们需求与价值观念的反映,建成景观会影响到人们对景观的理解,而通过景观对人的作用又会进一步影响景观的营建。目前的

---

① 陈春英. 富有特色的日本农村建设[J]. 城乡建设,2005(10):62-63
② 李水山. 韩国新乡村运动[J]. 小城镇建设,2005(8):16-18
③ [韩]朴龙洙. 韩国新乡村运动述论[J]. 西南民族大学学报(人文社会科学版),2011(4):55-59
④ 陶然,等. 城镇化中的撤村并居与耕地保护的进展、挑战与出路[J]. 小城镇建设,2014(09):117-120.

乡村景观建设有着重形式轻内涵、重局部轻整体的特点,而如果沿着这种视觉审美与消费文化的导向继续发展下去,会带来更多的生态、经济以及社会问题,威胁到乡村景观的意义与价值,影响到乡村乃至城市的可持续发展。

着眼于此,本书以乡村景观营建为研究领域方向,基于乡村集约快速发展新形势下景观营建的现实需求以及技术缺失,以问题为导向,以营建方法为切入点,以对中国乡村可持续发展有示范效应的浙江省乡村为例,探讨一套具有普适意义、具体可操作的乡村景观营建的整体思想与方法。尝试为乡村的健康可持续发展提供符合其内在发展规律的有效指导。

在当前乡村建设的形势下,这样的研究具有以下优势:

首先,可以反思乡村景观建设的误区,以整体的视角来把握乡村景观的真正内涵,系统地认识乡村景观同乡村生态、生产、生活之间的关系,转换传统过于关注形体空间的规划思路。使景观重现其本真、质朴、有机的生命体特征,实现乡村环境、社会与经济的健康平衡发展。

其次,以往的乡村研究多集中于传统民居的保护与再生,多从历史遗产保护与形体空间的角度,少有基于当前经济产业转型与乡村现实生活需求之下的景观整体营建策略与方法的研究。整合自然生境、经济生产、居住生活等各方面的因素,探讨乡村景观整体营建的模式、策略、方法,对于量大面广的乡村乃至城市的健康可持续发展有切实的指导意义。

最后,案例区域在经济上具有先发优势,景观保护与发展的矛盾尤为突出,若能有效地进行科学引导,对长三角乃至全国来讲将产生重要影响和示范效应。

本研究在对乡村景观建设及国内外研究现状进行分析总结的基础上,通过对乡村景观营建传统与既有方法的梳理、分析与反思,以一种系统、整体的观念与视角来把握乡村景观的价值与内涵。在此基础上,结合系统论、控制论、景观生态学与生物共生原理,从自然生境、经济生产、居住生活这三方面有着内在紧密关联的要素出发,从内容的系统性、过程的控制性、格局的生态性、利益的共生性四个方面来系统探讨、整合乡村景观的营建方法,并在浙江省进行探索应用。具体研究内容如下:

1) 乡村景观营建方法的演变与转型

在对整体营建方法内涵界定的基础上,从营建的内容、过程、格局、利益四个角度,对传统乡村景观营建的方法、既有的自下而上以及自上而下的三种模式的乡村景观营建方法演变进行梳理,分析其特征、优势、局限与不足。通过对比分析,本研究认为营建方法中整体性的缺失,是导致原本完整的乡村景观走向系统拆解的根源。当代的乡村景观需要反思并正视以上问题,乡村的可持续发展呼唤整体的营建方法。

2) 乡村景观营建整体方法

以系统论、控制论、景观生态学以及生物共生原理为指导,提出以一种系统、整体的观念与视角来把握乡村景观的内涵与发展规律。乡村景观的整体营建方法体系,应包含内容的系统性、过程的控制性、格局的生态性、利益的共生性四个层面。

3) 乡村景观营建内容的系统性

作为一个系统,乡村景观具有所有系统的共同特征,即包含着层级性、整体关联性、演进动态性等特征。研究以系统论为指导,从村域、村落、宅院三个层级,从生境、生产、生活三个向度,对乡村景观营建内容系统性的内涵、内容要素构成进行分析与界定。试图从认识结构上清晰地界定乡村景观的营建内容,从而较为明确地指导乡村景观的营建研究。

4) 乡村景观营建过程的控制性

传统乡村景观的形成是一个长期的、自发演进的过程,系统会自动淘汰不适用的景观而留下适应生产、生活需求的景观。景观就在这一过程中得以逐渐地改进、提升。而如今的乡村建设进入一个前所未有的快速提升时期,速度带来了前所未有的混乱、无序,这些提醒人们需明辨其主体、目标、机制,并进行有效的引导与控制。研究借助于控制论的原理,对乡村景观系统的营建过程进行组织建构。试图探讨乡村景观系统营建的目标是什么,该目标下的影响控制要素(主体因素和客观因素)是什么,以及在整体的思维下,具体营建过程是什么、该如何组织。

乡村景观的整体营建是一种以综合价值为目标、结合公众参与的以过程为导向的营建方法。研究探讨了结合主客观影响因子组织乡村景观的规划过程,并重点从主观因素组织的层面对过程模型进行了操作流程与方法的建构,包括信息采集、信息处理与分析、目标确定、多方案的提出、方案评估论证、方案确定与成果输出等环节。

5) 乡村景观营建格局的生态性

自然生境、经济生产、居住生活是乡村景观系统的三个向度,如何组织、改善这三个向度的因子,实现系统的优化提升? 生态化更新依然是根本原则。研究依托景观生态学相关原理,对景观格局生态性的内涵进行界定;同时把浙江省山多水多的特点,纳入对生产性要素的系统思考,并从村域、村落、宅院层级,对乡村景观要素的生态营建进行探讨。

6) 乡村景观营建利益的共生性

景观作为人使用的场所,在很大程度上呈现为竞争后的结果。随着乡村产业、职能的多元化,乡村的社会结构也逐渐发生了变化,乡村景观的利益相关者日渐多元化,主要可分为管理者、投资者、游客、村民等,这些主体都会影响乡村的建设,其自身利益也会受到乡村建设的影响。面对新农村建设中越来越多的利益冲突与实际操作过程中的困难,人们也越来越意识到景观利益格局协调的重要性。如何实现这些利益的协调平衡,以自然规律、客观数据见长的景观生态学在此并不具说服力,而源自生物学的共生原理以实现系统各单元的共生共荣为最终目标,强调系统要素的互利共存和协同进化,给我们提供了很好的理论与方法基础。基于当前乡村类型的多元化,以共生原理为理论基础,探讨景观的共生单元、共生模式以及共生的策略与方法。具体包括乡村景观利益共生系统的建构、村民与游客、村民与旅游企业、村民与管理者等单元共生的空间策略与方法。

1.5 本章小结

在新农村、美丽中国和新型城镇化建设热潮之下,乡村的形态、规模、尺度、关系等都在发生着剧变,乡村景观正处于由传统景观向现代景观转变的历史进程中。在城市化的影响和盲目追求经济增长的导向下,景观的趋同与异化现象令人忧心,大量对乡村景观的误读与建设性破坏愈演愈烈,影响到乡村存在的意义和价值。乡村景观的异化主要根源于观念、制度,以及片断、孤立的规划方法等误区与不足,由此指导的乡村景观也难以实现结构的优化与良性发展;在既有的研究中,国外的相关研究与实践为中国的乡村景观建设提供了参考。在国内既有研究成果与实践中,更多的还是宏观层面的发展战略与方法,以及微观层面民居建筑的生态改造与更新,少有基于当前经济产业转型与乡村现实生活需求之下的乡村景观整体营建策略与方法的研究。

基于新形势下乡村景观营建的现实需求以及技术缺失,我们将着眼点聚集于经济发达地区乡村,对乡村景观营建的基础理论与方法展开研究;其目的与意义在于站在整体的视角,系统地认识乡村景观的价值与内涵,转换传统的过于关注形体空间的规划思路,引导景观的内涵品质优化,并通过对乡村景观营建的基础理论与方法的系统解析,尝试为新形势下乡村的集约快速发展提供符合其内在发展规律的有效指导。

2 乡村景观营建方法的解读与诠释

随着乡村建设开始重新进入人们的视野,乡村景观也以飞快的速度被不断"生产"。然而,由于人们认知的不足、城市景观营建方式的拿来主义,以及消费导向下的乡村旅游开发,从而导致乡村景观似乎正重复着城市景观的杂乱拼贴、无根、趋同之路。基于对乡村景观出现的问题的反思,我们不禁要问,景观到底是什么? 我们该如何理解乡村景观及其营建?

对于景观而言,不同的营建理念将带来不同的景观结果,不同景观营建方法差异的本质是由于营建者的态度、思路与行动方法等的不同而造成。在乡村景观漫长的发展历程中,景观分别呈现了什么样的特征? 营建者是谁? 采用了什么样的思路与方法? 我们从中能得到哪些警醒和提示? 上述种种,正是接下来我们要探讨的主要问题。

2.1 乡村景观的内涵及其营建方法界定

2.1.1 景观的内涵

对于"景观"一词,不同的学科有不同视角的解读。景观的初始含义主要关注景观的视觉特性,强调其"如画性"。地理学、景观生态学则将其进一步地扩展,使景观的概念从视觉感受向客观认知转变,蕴含了丰富的意义[1][2]。

景观"landscape"一词源自德文的 landschaft,而德文又源自荷兰语,其原意是陆地上由一些住房、围绕着住房的一片田地和草场以及作为背景的一片原野森林组成的集合。景观概念最早出现在希伯来文圣经的《旧约全书》中,原意是表示自然风光、地面形态和风景画面。自此,人们对该概念的理解多从视觉美学方面出发,是一种直观的、综合的感受,即与"风景"(scenery)的含义相近。

地理学的解释包括自然地理学、人文地理学两个视角,分别将景观解释为"自然地理综合体""文化景观"(本质是人地关系)。19 世纪初,德国地理学创始人洪堡(A. V. Hmboldt)把景观引入地理学,提出"景观是由气候、土壤、植被等自然要素以及文化现象组成的地理综合体"。1925 年,美国地理学家索尔(Carl O. Sauer)发表《景观的形态》,定义"景观"是"附加在自然景观之上的人类活动形态",提出对自然景观的研究应转入追溯当地文化景观的研究中去。在文化景观论中,由于文化景观是指人类对自然环境改造活动叠加的结果,这种改造受到特定地区自然环境、社会文化、风俗的影响,

---

① 肖笃宁.景观生态学研究进展[M].长沙:湖南科学技术出版社,1999.
② 肖笃宁.景观生态学:理论、方法与应用[M].北京:中国林业出版社,1991.

并在以上要素的不断作用中发生发展,因此具有一定的空间性与地域性,不同地区的文化景观具有明显的差异性。文化景观是地域特色的主要因子,具有地域性、可感知性、历史延续性等特点。

1939 年,德国地理学家 C. 特罗尔(C. Troll)将景观引入生态学并形成景观生态学,使景观概念产生了革命性的变化。德国地理植物学家 R. 福尔曼(R. Forman)和 M. 戈德罗恩(M. Godron)在总结前人基础上将景观定义为由相互作用的镶嵌体(生态系统)构成,并以类似形式反复出现,具有高度空间异质性的区域。提出了景观生态学的基本范式"斑块—廊道—基质"。1999 年,加拿大景观学家 Moss 把现代景观生态学中的景观概念进行总结,归纳其主要的六种认识:①景观是地貌、植被、土地利用和人类居住格局的特殊结构;②景观是相互作用的生态系统的异质性镶嵌;③景观是综合人类活动与土地的区域整体系统;④景观是生态系统向上延伸的组织层次;⑤景观是遥感图像中的像元排列;⑥景观是一种风景,其美学价值由文化所决定。

在综合以上概念的基础上,我国学者:中国科学院沈阳应用生态研究所博士生导师肖笃宁和华东师范大学河口海岸科学研究院研究员李秀珍提出"景观是一个由不同土地单元镶嵌组成,且有明显视觉特性的地理实体;它处于生态系统之上、大地理区域之下的中间尺度,兼具经济价值、生态价值和美学价值"。

随着多学科的发展,景观的内涵并不仅仅停留在视觉审美的概念,而是有了丰富的扩展,虽然不同的解释侧重点不同,但这些概念之间是相互补充的。总的来看,基于景观丰富、综合的概念,我国景观营建相关学科关于景观概念的理解也应不断扩展,不再仅仅将景观视为"风景",而是包括了人类生活的空间与环境整体。景观不但包含物质因素如地形地貌、植被、水体、建筑、产业等,也包含了文化象征与精神内涵等非物质因素。景观——本质上是一个系统的概念。而那些无视其丰富内涵与多元价值,单纯追求形式与表象的"符号"做法,使得景观仅仅停留在纯粹的描述层次,而远离了丰富的系统内涵。

2.1.2　乡村景观的内涵

乡村景观泛指城市景观以外的景观空间。多年以来,由于思考问题的角度不同,乡村景观的概念也一直未被统一定义。但总的来看,对乡村景观的内涵解读主要有两个关键词,即"综合体"和"多元价值"。在此,我们首先对其概念进行简要的叙述。

国际上对于乡村景观的研究最早从研究文化景观开始。美国地理学家索尔认为,文化景观是"附加在自然景观上的人类活动形态"。文化景观随原始农业而出现,人类社会农业最早发展的地区即成为文化源地,也称农业文化景观。西欧地理学家把乡村文化景观扩展到乡村景观,包括文化、经济、社会、人口、自然等诸因素在乡村地区的反映。索尔则指出"乡村景观是指乡村范围内相互依赖的人文、社会、经济现象的地域单元"或者是"在一个乡村地域内相互关联的社会、人文、经济现象的总体"①。

---

① 百度百科. http://baike.baidu.com/view/1358738.htm.

　　我国学者也多角度对乡村景观进行了探讨。根据乡村景观是构成乡村地域综合体的最基本单元这一特点,我国著名人文地理学家金其铭先生等提出,乡村景观是指在乡村地区具有一致的自然地理基础、利用程度和发展过程相似、形态结构及功能相似或共轭、各组成要素相互联系、协调统一的复合体①。谢花林从景观生态学的角度提出,乡村景观是指乡村地域范围内不同土地单元镶嵌而成的嵌块体②。当然,人们也常常从与城市景观的差异性来界定乡村景观,如同济大学王云才教授认为乡村景观可以从四个方面进行界定:①城市景观以外的空间;②包括乡村聚落景观、经济景观、文化景观和自然景观;③人文景观与自然景观的复合体,以自然环境为主;④以农业为主的生产景观和粗放的土地利用景观,以及乡村特有的田园文化和田园生活③。也有学者更加强调乡村景观的多元价值,如同济大学刘滨谊教授从环境资源学的角度提出乡村景观是可以开发利用的综合资源,具有效用、功能、美学、娱乐和生态五大价值④。江西师范大学冯淑华教授从乡村旅游学的角度,提出乡村景观是一个完整的空间结构体,包括乡村聚落空间、经济空间、社会空间和文化空间,它们既相互联系、相互渗透,又相互区别,表现出不同的旅游价值⑤。

　　从以上概念的简要叙述中可以看出,虽然学者们对乡村景观的解读不同,但都一致认为乡村景观是在乡村地域范围内的,自然景观与人文景观相互联系的"综合体",具有美学价值、经济价值、生态价值和社会文化价值等"多元价值"。

　　综合前述对景观内涵、乡村景观的解读,本书将乡村景观界定为一个系统,一个建立在地方自然生境、经济生产、居住生活三部分有机融合之上的有机体。在乡村的规划建设中,良性、健康的乡村景观并不以外在空间与形体审美为代表,更不应是辉煌的经济指数增长,而应是指向乡村"地方"或者说"本土"自然生境、经济生产、居住生活三者的有机关联、健康发展而真实呈现出的系统生命活力。按其属性来看,乡村景观系统可以分为自然生境景观、经济生产景观、居住生活景观三大子系统,这些子系统相互依托、相互内在关联。

　　在综合景观的系统内涵以及研究实践的基础上,本书将乡村景观要素分为自然生境景观、经济生产景观、居住生活景观三大层次(图2.1)。其中自然生境景观是指地形地貌、气候、水系、山脉、生物(如植被)等自然因子;经济生产景观包括农业生产、工业和第三产业等因子;而居住生活景观包括了村落空间景观(整体和单体)与非物质文化景观两大部分。

---

①　金其铭,董昕,张小林.乡村地理学[M].南京:江苏教育出版社,1990.
②　谢花林,刘黎明,李蕾.乡村景观规划设计的相关问题探讨[J].中国园林,2003(3):39-41.
③　王云才,刘滨谊.论中国乡村景观及乡村景观规划[J].中国园林,2003,19(1):55-58.
④　刘滨谊,王云才.论中国乡村景观评价的理论基础与指标体系[J].中国园林,2002(05):76-79.
⑤　冯淑华.乡村景观旅游开发[J].国土与自然资源研究,2005(1):69.

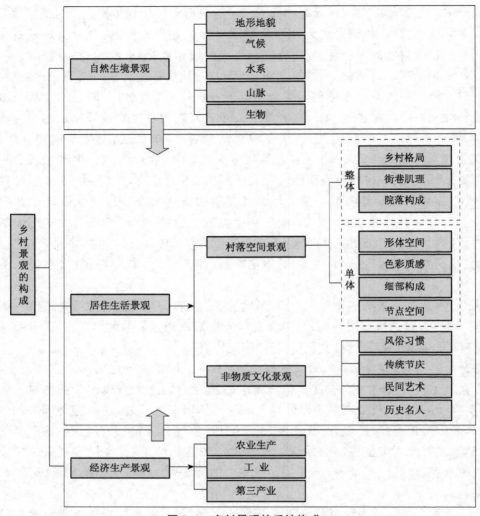

图 2.1   乡村景观的系统构成

(图片来源:笔者参考课题组《浙江省农村地域风貌特色营造思路与框架》,2011 绘制)
* 备注:王竹教授领衔的"乡村人居环境课题组",以下简称"课题组"。

2.1.3   乡村景观营建方法的诠释

"营建",本意是指营造、兴建、建造的含义。在中国古代,人们把建造房屋以及从事其他土木工程活动统称为"营建""营造"①。根据我国风景园林学家王绍增教授的解释:营者,经营、策划也,营建包括了规划设计"营"和建筑工程"建"所包含的各种学问②。也就是说营建包括了规划、设计直至施工的整个过程。因此,景观营建可以理解为"关于经营、策划和实施大地景观建设的综合学问"。

---

① 中国大百科全书出版社编辑部.中国大百科全书[M].北京:中国大百科全书出版社,1988.
② 王绍增.园林、景观与中国风景园林的未来[J].中国园林,2005(3):24-27.

"方法"一词含义较广泛,一般是指为获得某种东西或达到某种目的而采取的手段与行为方式。该词最初是来源于希腊文,含有"沿着"和"道路"的意思,表示人们活动所选择的正确途径或道路。总的来说,方法是人类认识世界和改造世界的思路、途径、方式和程序。根据以上内涵,景观营建方法指的是为实现特定景观目标,在景观整个的营建(规划、设计乃至施工)过程中所采用的最主要的思路、途径、方式以及所采用的设计程序等。这一方法是一个方法体系,可以分为思路性方法和技术性方法。

景观营建的各种方法的形成是人类发展过程中,人们在解决所面对的问题时经过长期的实践积累所形成的,因而具有深厚的历史根基,而且代表了人们的集体记忆和集体审美。不同的文化可能会产生完全不同的方法。由于东西方文化的不同可能会产生完全不同的设计方法,如千层饼分析的方法,是西方的理性主义客观、定量的分析方法,而东方诗情画意的设计和营建,是东方感性主义、凭直觉进行的定性分析、设计和建造[1]。

本书所讨论的是一个方法体系,是综合生态、生产、生活三个方面的要素,进行整体的规划与设计方法。较之于当前景观营建方法的误区,景观营建的整体方法以实现从单项效益到综合效益兼顾,关注内部关系的协调与共赢为营建目标。其方法不是全面否定传统和既有的规划框架和方法,而是在批判继承的基础上,强调多种因素的协调与有机统一,通过整体设计,力图实现自然、经济、社会的协调发展。该体系分为内容、过程、格局、利益四部分。其中内容的营建属于思路性方法;过程、格局属于技术性方法;利益的思考既属于思路性方法,同时也属于技术性方法。

2.2 传统乡村景观的特征与营建方法

传统乡村景观主要指以传统农耕生产为主体的乡村景观。在传统农耕生产时代,人们劳作以手工劳动为主导、有着较缓慢的生活节奏,在较低的技术水平之下,人们始终对自然存有敬畏之心,因此人们对环境的改造力度不大,这种"敬畏自然"的观念与"低技术""手工劳动"的因素,使得此时的乡村景观整体呈现出人与自然的和谐特征。

如今,真正意义上的传统乡村已经很难被找到,除非在某个偏居一隅的古村落,我们还能真正目睹传统乡村景观的典型特征。云南的哈尼族村寨(图 2.2)也许可以作为这样的一个具体案例。时至今日,哈尼人仍然过着原始、单纯、周而复始的农耕生活,并呈现出典型农耕时代的聚落景观特点。而它呈现出的"森林—村寨—梯田—河流"四度同构的景观生态系统功能完备又极富诗意,

图 2.2 云南哈尼古村寨

(图片来源:百度图片)

① 张文英. 当代景观营建方法的类型学研究[D]. 广州:华南理工大学,2010:195.

与之不可分割的哈尼梯田已于 2013 年被列入世界文化遗产名录①。下文我们将借哈尼村寨为案例,对传统乡村景观的特征以及营建方法进行提炼与归纳。

2.2.1　传统乡村景观的特征

1) 生态性

传统的乡村景观是在人与自然不断协调适应的过程中形成的,不论是农业生产场地及其劳作方式,还是聚落的相地选址、规模与布局,村民们都以顺应自然为前提,发挥生态智慧,采用顺应地形、节约土地、保护并引导水源、结合当地气候,并尽可能运用当地材料进行可循环的建造等方法实现与自然的和谐相处。此外,由于较低的技术水平以及手工劳动,乡村中人类活动干扰程度相对较低,乡村中生物多样、景观丰富,这些都使乡村景观显示出良好的生态性。

哈尼村寨的一切无不体现着哈尼人与自然和谐相处的智慧。在哈尼人定居的牢哀山陡坡上,山上为森林,山腰为村寨,村寨下方是梯田,梯田下方是河谷,这一布局主要是有利于水资源的利用,上部的森林接纳并蓄存了充分的水资源,为中下部的村寨以及梯田提供源源不断的水。对哈尼族来说,水、树皆为命脉,保护水和森林是哈尼族人代代相守的基本原则。哈尼族人将森林分为水源林、村寨林和神树林,有严格的规矩予以保护,并形成了"森林崇拜"和"稻魂崇拜"为核心的信仰体系,这种对自然神灵的敬畏与依赖形成了哈尼族信仰体系的基石。而正是在这种观念下,哈尼村寨获得了与自然的水乳相融(图 2.3)。

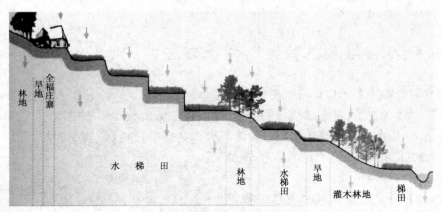

图 2.3　哈尼梯田的土地利用格局

(图片来源:李旭.牢哀山红和哈尼梯田:改变正在发生着[J].中国国家地理,2011(6):49-50.)

2) 实用与质朴

传统乡村景观的形成与生存的需求直接相关,人们为了满足生产、生活的需要而进行自然与土地的改造,使乡村景观呈现出朴素、真实的实用性特征。例如,在山地地区人们可用耕地较少,住宅选址主要分布于农田与山体的交界处,既不占用耕地,又可避免水涝;而乡村聚落的选址首先靠近水源,其次为适合农田灌溉、日常使用、消防及排污等生产生活的需要,

---

① 本节关于"哈尼梯田"的资料主要参考于李旭.牢哀山红和哈尼梯田:改变正在发生着[J].中国国家地理,2011(6):49-50.

乡村在建设中有水则引水、理水,无水也要挖渠、打井造水。以哈尼族为例,村民利用村寨在上,梯田在下的地理优势,发明了"冲肥法"。每个村寨都挖有公用积肥塘,春耕时节采用人工的疏导,肥水可涓滴不漏悉数入田,这一方法省去了大量的运费和劳力。而作为哈尼人世代居住的蘑菇房,其材料为土基墙、竹木架和茅草顶,取自山上,方便运输。房屋底层用来圈养牛马、堆放家具,中部用木板铺设,顶层用泥土覆盖,即可防火,又可堆放物品。不论是用于生产的冲肥法①,还是日常生活的蘑菇房,完全以实用为原则,可以看出生产、生活的实用需求是乡村景观生成的基本动力。

　　3）小规模与低技术

　　小与大相对,小与手工劳动相关,大与机械劳作相关。小规模正是传统乡村景观的重要特征(图 2.4)。在手工劳动、步行交通的前提下,传统乡村景观是小规模的。它体现在民居的高度上,一般不超过两层;体现在街巷上,一般宽度较窄,高宽比较大;体现在乡村聚落的整体规模上,以步行可达为标准。所以聚落不突兀,它很好地隐在山体的背景、树木的掩映中,与环境形成协调的关系。同时,在技术上,传统乡村一般采用低技术,这是低成本和低难度的技术,因此较易被掌握和推而广之。

图 2.4　哈尼族聚落景观

(图片来源:李旭. 牢哀山红和哈尼梯田:改变正在发生着〔J〕. 中国国家地理,2011(6):49-50.)

　　4）相似与差异

　　相似与差异指统一之中蕴含着的差异性。差异性指事物有差异的、不相同的状态。差异性产生多样性。从聚落生活的角度,差异性本身就是乡村景观中(尤其是微观世界中)的重要特征。细看哈尼族的村寨,大大小小的蘑菇房,朝向有南北有东西,地势有高有低,有大大小小的街巷,但是有长有短、有直有折、有些材质也不同,很难找到完全一样的。同样也很难找到完全一样的民居与院落、空间节点。因此,乡村的景观在很大程度上会给你带来体验的丰富性,会引导人不自觉地放慢脚步,细心体验。而这些,在城市小区中却很难找到。究其原因,这是生存需求之下景观营建的自发性与随机性带来的结果,带来城市景观的标准化生产所难以企及的魅力。当然,乡村聚落景观的差异性是很难被"设计"出来的,它是在生活中慢慢生长出来的。如传统街巷空间的曲折变化并不是事先"设计"出来的,而是人们根据实际用地条件,在对顺应地势的房屋不断加建改建中逐渐形成的。

2.2.2　传统乡村景观的营建方法

　　自然、生产、生活高度融合的景观背后,隐含着村民们在长期的劳作中逐渐形成的营建智慧与方法。结合以上特征,我们试图从内容、过程、格局与主体的角度,解析其四个层面的

---

　　① 百度百科.

途径与方法。

1）营建内容的系统性

在传统乡村中，山、水、农田、树、建筑的地位是相同的，自然、生产、生活是乡村景观的三个向度，三者之间相互关联、相互支撑，而道法自然是法则。前述哈尼族人所营建的“森林—村寨—梯田—河流”四度同构的景观生态系统就是最佳范例。正如哈尼村寨景观所示，自然生态环境决定了村寨的场所（生活）位于山腰，梯田（生产）位于村寨下方；耕地的类型（坡地）决定了生产方式（梯田）；耕地的规模确定了村落的规模（小而紧凑）。而聚居组团（生活）的形成，是由于集体生产的需要，结合生活方式，在遵循自然的基础上（包括对水的利用、对地形的最小干扰、对建材的选用），传统乡村形成了有助于共同协作的聚居空间结构。可见，传统乡村景观的形成首先是以生产使用为目的，然后通过生产，将自然与生活紧密结合在一起。生态、生产、生活三者之间的内在关联、整体统一，是传统乡村景观获得自然朴实之美的根基。

2）营建过程的自然演进性

自然演进性是指事物发展过程的自然属性，这是一种在时间之下自然选择发挥作用的生发机制，其“产品”自然有机生长，丰富多样，当然其过程也漫长，与工业化生产的流水线与标准化制造截然不同。传统乡村景观的营建过程就具有这样的自然属性，在该意义上，传统乡村景观的营建并非一日之功，而是一个自然历史的层积过程。如要仔细划分，传统乡村景观的整个过程大约可以分为“选址—定居—自然演进”几个阶段。

首先是选址，或说“相地”。从村落的选址来看，哈尼族人的定居要经过如下的过程：“老人就要看地势，后面要‘礶’，用汉话讲就是要有靠山，山上要有森林有水源；前面要‘堆’，也就是要平坦，可以开田。然后在后面的林子里选好‘龙树’，确定‘寨神林’……”①可以看出，村落的选址都是在对自然的尊重与理解之上得到的结果。其次，在“相地”结束之后，农耕与民居的建设开始，这是“定居”的阶段，也标志着一个使用者参与、互助、集体、合作过程的开始。在哈尼村寨，梯田耕种的许多环节都需要集体协作，耕作 1 亩（1 亩＝666.6 平方米）梯田需要投入 35 个人工和 12 个牛工，这就需要村民们平时互帮互助，有福同享，有难同当②。在民居的建造上，由于较低的经济与技术水平、较富裕的时间与空置劳动力，村民们也往往自己动手、准备材料、组织邻里、亲朋们互相协助进行建造（图2.5）。建造以经济性、实用性为标准，通过建造劳动中的“协力”“合作”，不仅实现个人家园的营建，更实现了集体精神与村落归属感与和谐的构建。最后，进入自然演进阶段。在传统的

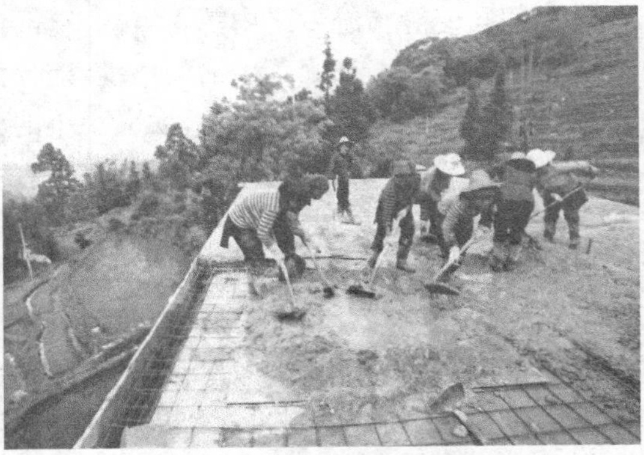

图 2.5　哈尼族村民的自发建造

（图片来源：李旭.牢哀山红和哈尼梯田：改变正在发生着[J].中国国家地理，2011(6)：49-50.）

① 李旭.牢哀山红和哈尼梯田：改变正在发生着[J].中国国家地理，2011(6)：49-50.

② 李旭.牢哀山红和哈尼梯田：改变正在发生着[J].中国国家地理，2011(6)：49-50.

乡村聚落大格局基本趋于稳态之后,剩下的更多是在漫长时间过程中的自然演进。人们会根据不同的时期自己生活和居住的需要来自发地改造房屋环境,如因人口变化、农耕时节更替而不断地加建、扩建、改建房屋和场地。在生活的过程中,景观不断地向最适应需求的方向渐进发展,并缓慢变化。

3)景观格局的生态性

如何实现与自然的和谐相处,在传统的哈尼乡村中,道法自然是准则。对山、水、树的崇拜,使村民们从相地开始,就注重与山水格局的协调,注重对山、水、树的保护。哈尼人选择开辟梯田这种农耕方式,就是与自然和谐相处的安身立命之道。根据地形,哈尼族人在土地利用上形成了"森林—村寨—梯田—河流"四度同构的景观总体格局。在聚落布局上,由于地处山体,哈尼村寨聚落多分布于向阳,且地势稍缓之处,沿等高线线性布局。村寨一般都不大,村中多有一条主街,连接多条支路通向山顶的树林和山下的梯田。一个个村寨形成了相对封闭的聚落单元,彼此间隔约两千米,"镶嵌"于连绵的牢哀山山体之中。

4)利益主体即村民

作为一种有机演进的景观,乡村景观的形成源于居住生活的需要。不管是农田、民居,还是身边的山林河流,村民既是景观的使用者也是创作者,既是景观的维护者也是景观演进的原始动力。唯有使用者即村民,才是景观利益真正的主体。以传统民居为例,村民们在工匠的帮助下实现对家园的营建,工匠作为技术的传承者其主要作用可以说是一个"媒介",帮助使用者真正实现他们自己的需求与想法。而这些"没有建筑师的建筑",通常与时尚无关,但却最大限度地反映了村民的需求,因此,"它确实近乎永恒,而且是无可改进的,因为它所达到的目标已至善至美"①。

通过哈尼村寨,我们看到了传统乡村景观的生态性、实用、质朴、小规模、差异性带来的乡村魅力,以及在内容、过程、格局、利益上的传统营建方法体系的特征,是传统乡村人与自然、人与人和谐关系的直接体现。当然,对于犹如世外桃源般的传统乡村景观,我们也会疑问,它真的可以永恒么? 在轰轰烈烈的现代化进程中,地处偏僻的哈尼村寨发展几乎是静态的,然而即便是这样,村民们也开始盖起了石棉瓦和水泥瓦顶的房子——在现代化和城市化进程的冲击下,材料以及技术的发展愈发雷同与普及,传统的乡村景观营建方法体系似乎走向困境。在新的时代背景与需求下,乡村景观的营建呼唤新的方法出现。

2.3　当下乡村景观的特征与营建方法

改革开放以来,乡村的产业结构与社会形态已经出现了多元化趋势。伴随着经济水平的提升,大规模的建设活动在乡村自发自觉地展开,乡村景观也发生了史无前例的改变。当前,乡村景观的营建主要是在两种力量之下进行的。一种力量是村民"自下而上"的"自发营

---

① [美]伯纳德·鲁道夫斯基.没有建筑师的建筑:简明非正统建筑系统[M].高军,译.天津:天津大学出版社,2011.

建",另一种力量则是由管理者与专业设计人员组成的,"自上而下"以专业技术知识武装的"专家"力量。下文将分析当下乡村景观的变迁和不同营建方法的特征。

2.3.1　当下乡村景观的特征

当下乡村景观的变化主要体现在由产业结构变化带来村庄类型的多元分化,以及由此带来乡村的土地利用以及物质空间的变化和人们生活方式的变化。

1) 乡村产业多元转型,产业结构分化明显

改革开放以来,乡村的经济产业结构已经发生了很大变化,传统农业的比重日渐式微。传统农业经济是以家庭个体农业、手工劳作为特征的产业活动,其作用主要是为家庭提供物质基础,这是生命的保障。而随着城市化进程的发展,由于经济收益的低下,传统农业对于村民在生命保障上的意义已经不大。许多乡村的产业结构开始从以农业为主体向非农产业悄然变化。世界经济发展的经验表明,城市化比例达到50%以后,产业结构将进入一个加速分化时期。随着农村经济体制改革和商品经济发展,发达地区的农村工业化、城镇化已经步入加速发展阶段①。以浙江省为例,城镇化水平2012年已达63.2%②,产业结构中二、三产业的比重不断增加,而一产比重逐步减少。目前根据主要产业结构的特征,乡村类型主要可分为基本农业型、工业型、旅游型村庄等,不同类型表现出不同的景观特征。

(1) 基本农业型:基本农业型乡村可分为传统农业型、现代农业型,不同发展阶段下农业的景观特征不同,主要从农作物类型、生产工具与土地利用方式中反映出来。传统农业是在自然经济条件下,主要依靠人力、畜力以及当地自然资源为主的农业生产方式,以地方农作物种,家庭手工劳动,以及小规模、低效、低能耗、低污染为特征。这些乡村大多地处偏僻,受到城市化的冲击较少,因此,较好地保留了传统乡村的景观特征(图2.6~图2.8)。相对传统农业而言,现代农业是有工业技术装备,以实验科学为指导,主要从事商品生产的农业③。现代农业以耕作机械化、生产规模化、土地集约化、高度商品化以及产量高效为特征,但也同时因化肥、农药的利用带来了土地污染、生物多样性降低、生态环境失衡等问题。

(2) 工业型:改革开放以来,浙江乡镇工业异军突起,呈现出蓬勃发展的态势。乡镇工业以高度发达的私营与民营经济为基础,是在传统的家庭工业和乡村手工作坊基础上的新发展(图2.9~图2.11)。主要类型有纺织、制造、机械等,如浙江绍兴的纺织、黄岩的模具、永康的五金等。乡镇工业的发展一方面促进了乡村经济的发展,增加了居民收入,也带动了乡村基础设施的改善以及民居的建设,使乡村整体环境焕然一新,呈现出一定的城市化倾向;另一方面,规模化、大尺度的工业建设侵蚀着乡村原生的田园景观,并在资源开采、原料加工中造成乡村自然风貌破坏、环境污染等问题。从生活上,乡镇工业改变了人们日出而作、日落而息的生活方式,新的观念也对人们的传统价值观形成了巨大的冲击。总体来看,村中已经没有耕种的农民与土地,乡镇工业的发展使该类型乡村整体呈现"去乡村化"倾向。

---

① 浙江省计经委农业处课题组.浙江农村工业化·城镇化特征及展望[J].浙江经济,1995(7):40-44.
② 郁建兴.浙江新型城镇化快速推进 城镇化水平已达63.2%[N].人民日报,2013-12-09.
③ 中国大百科全书出版社编辑部.中国大百科全书·农业Ⅱ[M].北京:中国大百科全书出版社,1990.

图 2.6　浙江安吉大竹园村(基本农业型)的
　　　　农田景观

图 2.7　浙江安吉大竹园村(基本农业型)的
　　　　街巷景观

(图片来源:笔者自摄)

图 2.8　浙江安吉大竹园村(基本农业型)的
　　　　水系景观

(图片来源:笔者自摄)

图 2.9　浙江安吉大河村(工业型)的
　　　　加工厂房

(图片来源:课题组)

图 2.10　浙江安吉大河村(工业型)竹制品
　　　　加工厂房内景(一)

图 2.11　浙江安吉大河村(工业型)竹制品
　　　　加工厂房内景(二)

(图片来源:百度图片)

图2.12   杭州梅家坞村(特色旅游型)的街巷景观   图2.13   杭州梅家坞村(特色旅游型)的茶园景观

(图片来源:笔者自摄)

图2.14   杭州梅家坞村(特色旅游型)的制茶景观

(图片来源:笔者自摄)

(3)特色旅游型:依托良好的一产、二产资源基础,乡村旅游业已成为乡村第三产业发展的主体、乡村经济收入的重要来源。很多地区拥有丰富的地形地貌、水系资源、植被类型和历史遗存,存在着大量风景优美、历史悠久的自然村落,为乡村旅游观光以及休闲服务开辟了广阔的空间(图2.12～图2.14)。如浙江杭州的梅家坞、金华的乌石村、湖州荻港村、安吉的鄣吴村等。旅游产业属于资源密集型产业,并具有较强"连带效应"。其产业链向第一、第二产业的延伸,有助于经济产业的转型,并带来产业结构的升级优化,形成一、二、三产业同步发展的新格局。此外,因乡村旅游观光以及旅游服务的需求,这些乡村大多进行了基础设施、配套设施的建设,乡村建筑以及产业空间发展多元化,一些传统的乡村景观遗产也得以保护。而乡村旅游的发展亦给乡村带来多元的利益主体,如外来资本、游客等,如何平衡这些主体对村民生活以及利益的干扰成为一个较大问题。

2)乡村景观格局的变迁

首先,在土地利用上,生产性空间不断增加。随着二、三产业的发展,乡村的职能从单纯的农业型村落发展为工业、农业、商业的混合型村庄,空间形态也表现出明显的功能混合①。

---

①   周心琴.城市化进程中乡村景观变迁研究——以苏南为例[D].南京:南京师范大学,2006.

乡村的土地利用格局也在发生变化，突出表现为生产性空间不断增加，聚居空间不断集中。如一些乡村旅游转型后，留出了大量面积供观光用的乡村农场，此外，村民们还将自家院落、底层用房腾出用以农家乐经营活动（图2.15）。

图 2.15　农居院落用于农家乐经营现状
（图片来源：笔者自摄于杭州梅家坞）

其次，聚居空间逐渐沿交通方向呈线状蔓延。随着时代的发展，村庄传统的血缘、宗族观念逐渐淡化，原本因血缘、宗族关系聚族而居的生活方式被改变，祭祀活动已经弱化，祠堂已经慢慢失去作为公共活动中心的地位。此时的聚族而居的空间模式发生改变，聚落格局受公共设施、交通影响较大。新居多分散于村落入口及外围道路两侧等交通方便之处，使村落空间外围呈现分散化趋向。以浙江金华白云山村为例（图2.16），村庄内部的建筑以传统院落式民居为主，多为20世纪90年代以前所建，是典型的围绕祠堂、村委等设施布局的格局模式；而外部的住宅则多是90年代以后建成的具有典型城镇化进程特征的独户式民居，多分散于村落入口，以及外围道路两侧等交通便利之处，使村落空间外围呈现分散化与线状蔓延趋向。

图 2.16　金华白云山村落肌理现状
（图片来源：课题组）

再次，聚落布局形态标准化。随着"新农村建设"以及"迁村并点"的不断深入，乡村聚落长期以家庭为单位的自然演化历程被打断。在新的历程中，"理性与效率"成为关键词，政治和经济力量成为建筑演化的推动力[①]，以村委为主导进行土地的集体改建成为聚落更新的常态。为了所谓的公平，同时，也多出于节省土地或是实现其他经济收益（如生产或商品用房建设）的目标，村委常常会大拆大建，集中划出一块方方正正的土地加以平整，继而进行标准化的、如兵营一般的所谓现代新社区建设（图2.17）。这种理性、单一、速成的形态，非城非村、面目模糊、身份尴尬，毫无乡村景观的美感可言，对此，滕头村独居一隅的"欧式独栋别墅区"就是最好的例证。

最后，民居建筑演化为洋房式新农居。随着经济收入的增长，"建新房"成为中国乡村村

---

①　参考于杨宇振.现代城市空间演化的三种典型模式：以重庆近代城市住宅群为例——兼论民间建筑的现代演化[J].华中建筑，2004，22（3）：87-89.

民的一个最大愿望。在"拆一建一"即"先拆后建"的宅基地政策下,许多村民要将老房拆除后再自建新房,因此传统的平房与宅院模式开始逐渐走向解体。村民模仿外来风格建起了西式的小洋房,大量的楼房式农民公寓开始出现(图2.18)。同时,尽管不同类型的乡村有着不同的经济发展模式,但是总体来看,农村新房的居住模式却十分接近。即以两至三层小楼房为特征,人均面积增加、卧室搬到楼上、住房的空间布局也趋向

图 2.17   某新农村建设规划蓝图
(图片来源:笔者自摄于浙江温州某乡村建设现场)

合理。随着钢筋水泥、砖瓦等建设材料的大量普及,各地区乡村建筑的用材开始趋于雷同。

3) 村民就业多元化,生活方式城市化

由于非农产业进入乡村并不断呈增长趋势,许多村民就业多元化,家庭的主要经济来源不再依赖土地与农业,人们改变了传统乡村日出而作、日落而息的生活方式,而非农产业带来新的市场经济观念也对人们的传统价值观产生了巨大的冲击。传统的"聚族而居"模式已经转变为因职业而联系在一起;汽车开始进入乡村生活,人们的出行与社会交往范围增大;电视、网络的普及,带来大量外来信息,人们精神生活不断丰富,生活方式开始向城市看齐。

图 2.18   在当前村落中占多数的洋房式农宅
(图片来源:笔者自摄于浙江富阳新沙岛)

综上所述,在传统乡村景观不断变迁的过程中,乡村景观在产业结构、聚落景观、生活方式上都产生了新的特征,也带来了新的问题,如自然环境的污染、土地浪费、乡土风貌的消失、社会网络的离散等。面对新时期乡村景观的特征,我们从营建方法的角度,对景观中的问题展开分析。

2.3.2   "自下而上":村民的自发营建

"自下而上"是村民出于自身生活需要的建设,通过对景观不断进行调整与完善,使之始终处于真实生活需求的逻辑之下。以村民为主体的"自发营建"是乡村民居建造的传统,也是促使乡村聚落生活景观充满活力、多样性、创造性的内在机制。通过建造劳动中的"协力""合作",不但加强了人们的交往和互动,同时也实现了集体精神与村落归属感的构建。而随着社会的进步,这种营建方法的缺陷也日趋明显。

1) 营建内容的单一性

由于专业知识的缺乏以及自身认识的局限,村民在涉及"建设"时更多关注的是自家房子的位置在哪里,面积有多大,需要花多少钱。而对村中的公共事务以及全局的发展并不关

心,自然与文化的关系更是在其思考之外(图2.19)。此外,在外来文明与市场经济影响下,村民的观念中普遍存在着一种思想,就是总认为本土的东西比较落后,城市的、外来的东西比较先进,因此会出现盲目照搬城市、西方景观的做法,而真正本土的、宝贵的传统文化却被废弃。如此之下,乡土文化日益消失,乡村景观非城非乡、面目模糊,令人无可奈何。

图 2.19　正在建设的乡村民居
(图片来源:笔者自摄于浙江富阳新沙岛)

2) 山水格局的破碎化

在山多水多的浙江省,利益驱动下的乡村自发营建往往带来破碎的山水格局。一些乡村无视地形的特殊性与复杂性,盲目照搬平原模式,将坡地夷为平地,乱砍乱建,这种做法不仅带来被毁坏的山体、破碎的生境系统、更大的建设成本,更是导致景观地域特色的丧失。杭州临安西天目景区天目山村坐落于半山腰,由于良好的气候与自然景观资源,每年会吸引大量的游客、特别是老年人来此度假,暑假更是游客云集。然而,由于缺乏有效的监管和控制,村庄视野、人气最佳的中心区,现在已经楼满为患。这些高楼阻断了与背景山体之间的景观渗透(图2.20)。在浙江常山黄岗村,个体经营的村民们不断扩大规模,改建、加建房屋,一些村民将公共水体自行引入院落造景,有的村民甚至把房子建在了河道之上,给水系景观带来极大破坏(图2.21)。

图 2.20　临安天目山村中心区
(图片来源:笔者自摄)

图 2.21　常山黄岗村某民居
(图片来源:课题组)

3) 营建过程的任意性

在真实生活需求的逻辑之下,村民一方面会自发地对景观不断进行调整与完善,展现出丰富、多样的景观特征(图2.22~图2.24)。而另一方面,由于缺乏有效的引导与管理,一些自发营建的行为显得十分任意,也同时带来景观的粗放发展。除了个别因历史价值较高而受到保护的村庄,乡村中许多欧式小洋房、花瓶柱、"明珠"金顶甚至裸露的钢筋等随处可见。

此时,城市化、商业化呈现混乱无序的趋向,村一级的规划、主人的志趣一显无遗。民居是村民相互模仿的结果,但在有限的专业知识以及审美能力之下,未加控制的景观营建显得其品质粗放和粗糙。

图 2.22　村民自搭的储藏间

（图片来源:笔者自摄于富阳新沙岛）

图 2.23　村民自搭的停车棚架

（图片来源:笔者自摄于临安天目山村）

图 2.25　太湖源白沙村农家乐

（图片来源:百度图片）

图 2.24　随机多样的街巷空间

（图片来源:笔者自摄于浙江高家塘村）

4) 公共利益的牺牲

出于对自身利益的追求,村民不断展开对公共资源的争夺与使用。如左乡村旅游中,为迎合市场需求,如何不断扩大经营面积、吸引游客成为村民们最关心的问题。村民会不断在住宅周边加建、扩建房屋。由于监管不足,这种自发建设往往以忽视公共利益为代价。在临安太湖源白沙村(图 2.25),为扩大经营,农家乐的面积已经远远超出了"农家"的尺度,如同城市旅馆般的建筑体量令人咋舌,打破了原有乡村同自然山水之间的尺度协调,也对乡村的生态环境带来过多的压力。而生活污水的随意排放、车辆的随意停放更是屡见不鲜。杭州龙井村、梅家坞,在 2003 年政府着手整治之前,由村民自发组织的农家乐活动不但导致乡村中垃圾遍地、溪沟变成臭水沟,而且造成对九溪十八洞上游水源的严重污染。这些问题也反映出村民自主营建的缺陷,即缺乏全局性的思考。

面对新的发展背景下自主建造带来的聚落空间建设的混乱无序,如何继续发挥"自主建造"的魅力同时实现风貌的协调,满足村民实际的生活需求同时又实现对乡土建筑文化的保护和传承,已成为聚落景观营建中面临的一个重要问题。

2.3.3 "自上而下":政府主导的营建

乡村营建的另一种力量则是指由管理者与专业设计人员组成的以专业技术知识武装的"专家"力量。这种力量常常借助于政府的推动,政府主导下的乡村营建正成为乡村建设的主要模式。专业设计人员受政府的委托,"自上而下"介入这个自组织系统的运转,对乡村景观的发展起重要的决策作用。对乡村景观有重要影响力的专业设计人员主要有规划师、建筑师、旅游规划(策划)师、风景园林规划师,而由于认识与营建方法的不同,乡村景观的营建结果也不尽相同。

1) 营建内容上的片面性

首先是追求视觉景观的营建方法。特别是在新农村建设的初期,管理者以及设计者比较关注物质空间的形式、色彩、构图,乡村景观主要工作变成了"形象工程"与人工"造景",却忽视了乡村景观与城市景观的差异性、地方性特征以及作为系统所应呈现的深层内涵。

其次是偏重经济发展的规划方法。主要体现在以旅游规划师或策划师主导的旅游经济型乡村建设中,设计者将乡村景观作为一种资源,一种旅游"产品"进行开发,旨在增大乡村的旅游吸引力,扩大经济收入。为提高经济收益,有限的资金被投入经济建设中,忽视村庄作为居住社区的本质,因此,缺乏从村落自身发展、村民生活需求进行的规划思考。

最后是偏重文化保护的方法。指乡村建设将景观作为一种文化战略展开保护与更新。其中一些实践多专注于对建筑单体以及聚落群体文化价值的保护,而对其他要素的统筹思考较少,因此这种地方文化的保护产生了"片面性"。

以产业景观为例,产业景观有助于人们对自然的理解,有助于发挥在经济振兴、环境保育、乡村文化传承与地方认同中的作用。对于有特色的产业景观,如何进行继承和发扬,融入当下乡村的生活之中实现"可持续",是当下乡村建设中不可回避的关键问题。而对于受西方现代化教育影响至深的建筑师而言,我们最熟悉的就是与建筑相关的物质形体的层次,而产业、植被仅作为配角出现,于是在当下的许多乡村,人们对景观、产业分离的研究较多,而将二者结合起来的研究较少①。

以上方法反映出乡村景观在营建内容上的片面性。过分强调专业分工,导致不同类别的规划倾向于在自己的系统中进行孤立研究,而不对总体负责。或强调"形体构图""游客与经济""文化保护",彼此之间缺乏有机渗透与整合,难以形成合力。

2) 营建过程的快速性与封闭性

首先,不论是建筑规划师、旅游规划师还是风景园林规划师,受现代社会经济力量的作用,这些"专业设计精英"都是"城市设计师",长期为城市景观的营建所服务,缺乏以"乡村设

---

① 景娟,王仰麟,彭建.景观多样性与乡村产业结构[J].北京大学学报(自然科学版),2003(4):556-564.

计师"的身份参与乡村景观营建的思考与信念。在城市景观思维的模式下,专业技术人员与管理者对村民的实际需求并未进行充分耐心的了解,就从专家意志出发进行了规划设计。景观如同"产品",却"先于需求"被生产出来。因此最终方案可以快速成型,却并不能打动村民。而由于结果与需求的背离,在建成后村民的违章改建屡禁不止。

其次,在"速度与绩效"诉求鼓动之下,不论选址、规划还是营建实施的过程,政府"长官"意志成为影响乡村景观的最大力量,村民的参与成为一种象征,大规模、标准化与平均化成为一种结果,很多"速成"的乡村风貌都是政府业绩代言的结果。如大规模的一次性拆迁、一次性风貌整治。2003年整治的著名茶村梅家坞,为追求风貌效果,在短短几个月内政府"包办"将所有房屋一律改为"白墙灰瓦",整个乡村"焕然一新",却失去了有机演进带来的景观多样性。

此外,在现代化营建模式下,工匠与建筑师的职业身份分离了。建筑理论家汉宝德先生曾指出"现代化所带来的灾害,不是新材料、新技术,而是西式的营造制度,即建筑师与营造厂自设计至营造的过程。西式制度是工业化的制度,设计家以创新为务,营造厂则必须按图施工。工匠与设计师的分离,使良性自然演进的过程无法产生"①。传统乡村景观的营建是由工匠与使用者来完成的,所谓的建筑师与工匠是一体的。因而,重庆大学杨宇振教授则进一步指出,这一分离导致的缺环是地方的施工"工头"替代了传统匠师的角色②,由此缺乏对村民需求的了解,缺乏村民与建筑师的融合,从而使乡村景观自然演化的有机性与过程性被抹杀。

3)景观格局的主观性

专家主导下的乡村营建十分重视生态环境的保护与整治,强调景观格局的生态设计。在具体实践上,典型的案例有获得联合国环境规划署授予的"全球生态500佳"的浙江滕头村。滕头村大力投资,实施"蓝天、碧水、绿色"三大工程,不但常年保持一级的空气质量,对于水资源也从上游源头开始治理,保持水质优良③。而滕头村的建设实际上也是一种"环境工程",因为对于乡村景观格局的大调整(滕头村区块划分明晰,其规划格局显然受到了功能主义的影响,已经全然看不出传统乡村布局紧凑、功能混合带来的生活活力),带来生态系统的脉络断裂,很难说对自然生态是保护还是破坏。

4)利益格局中对村民的忽视

景观是利益格局的体现,也是利益竞争的结果。2004年的《欧洲景观公约》就明确指出,景观在文化、生态以及社会领域中扮演着公共利益的重要角色,是经济活动的有利资源,通过景观保护、管理和规划还可以创造新的就业机会④。随着乡村产业的多元化,乡村中的利益主体也逐渐走向多元,包括外来资本、政府、游客、村民等多重身份。然而,长期以来"城市设计师"们都未意识到在乡村建设中"设计对象"的转变,依然在一个相对封闭的专家体系中思考,村民的利益并未得到充分的重视。其结果是,很多乡村的建设反映的多是专业人

---

① 汉宝德.中国建筑传统的延续:中华文化的过去、现在与未来[M].北京:中华书局,1992.

② 杨宇振.现代城市空间演化的三种典型模式:以重庆近代城市住宅群为例——兼论民间建筑的现代演化[J].华中建筑,2004(03):87-89.

③ 百度百科.http://baike.baidu.com/view/1794911.htm? fr=aladdin

④ [西班牙]朱安·米格·赫南德兹·里昂,王霞.第四届欧洲建筑与城市设计研讨会[J].风景园林,2008(02):31-35.

员、政府权力、资本权益的"理想蓝图",而不是多元利益协调的结果,因此难以得到村民的认同。在灵隐法云村,安曼集团强力入驻,乡村的"低调"成为世界奢侈酒店强调其内涵的新"法宝";在西溪湿地,以环境保护为名义将原村民拆迁、异地安置之后,在原本禁止建设的土地上,餐饮、酒吧等大量的商业、休闲、娱乐设施正层出不穷。而对于失去土地的村民而言,虽然获得了一定的搬迁补偿与居住安置,但其原有的生活环境资源、生产生活方式、社会网络均发生巨大的改变。伴随着就业、养老等新的社会问题的出现,管理者与村民的冲突不断。随着村民自我权益意识的逐渐觉醒,可以预见未能达成协调的景观格局方案在实施中将难以具有可操作性与持续性。

2.4　乡村景观营建方法的转型

景观营建的方法应适用于社会的发展需求。21 世纪以来,乡村的产业结构、村庄类型、土地利用以及物质空间、人们生活方式都在发生深刻的变化,乡村景观变迁快速而激烈。"自下而上"的营建与"自上而下"的营建是当下乡村景观中的两条主要途径。然而这两种偏于一端的做法,在对景观的认识上以及操作方法上均较为片面,带来了许多问题,都不足以实现乡村景观的系统优化。乡村的可持续发展呼唤整体的营建方法。认识转型必然带来方法转型,从视觉审美到注重综合的发展,一些学者开始提出了新的思想和概念。乡村的发展方向需要智慧定位,乡村景观的营建方法正在酝酿着一个整体、系统的突破转型。与新的社会转型背景相适应,在景观的营建方法上,有学者也开始提出一些新的思想和概念并付诸实践,如生态化、民主化、低碳化等,现简要介绍如下。

1）生态化方向

随着可持续发展思想的提出,以追求人与自然和谐的生态化建设、实现生态平衡的研究在城市与乡村的营建中展开。如清华大学宋晔皓在博士论文《结合自然整体设计——注重生态的建筑设计研究》中,借鉴生态学的一些理论和概念,提出了一种整体的生态建筑观,同时提出了生态系统结构框架、生物气候缓冲层等概念,探讨了注重生态的建筑设计策略,并以张家港双山岛农宅设计为例,结合苏南地区具体的气候、环境条件,进行了实践探讨。

2）民主化方向

民主化方向是以利益的协调共生为目标的整体营建方法。随着乡村实践的深入,在初期对景观的生态格局关注之后,人们越来越意识到乡村归根到底还是村民的乡村,乡村景观远不是一个物质形态是美观还是生态的问题,从而开始更加重视利益格局的平衡,多从乡村社会学的角度,对乡村景观的营建提出相应的策略与方法。如昆明理工大学的王冬教授多年来从实施策略的角度、从整体的视角对乡土建筑自我建造、共同建造的理论与实践进行了探讨。

3）低碳化可持续发展方向

在 2012 年哥本哈根气候变化大会上,中国代表提出控制温室气体排放的目标,到 2020 年实现单位国内生产总值二氧化碳排放比 2005 年下降 40％至 45％。在政府大力倡导下,低碳的发展模式探索进入人们视野并成为新的热点。浙江大学王竹教授 2013 年的国家自然科学基金重点项目《长江三角洲地区低碳乡村人居环境营建体系研究》正在展开之中,该项目面对当下城市建设的高碳行为向农村的渗透,拟从"低碳营建"的视角,对乡村建设中的高碳误区进行纠偏,旨在以"低碳社区"为目标,为建立基于"开汇节源"的低碳乡村人居环境营建提供科学支持,引导社区低碳转型。

以上研究方向反映了人们对乡村营建理论和实践的探索,正在逐渐走向系统性与整体性。需要指出的是,在可持续发展思想背景下,如何全面地体现注重系统性、整体性的乡村景观营建的目标、策略与方法,从规划到设计再到实施层面的具体策略仍然需要进一步探索。本研究结合乡村发展现状,在新的产业转型以及社会转型背景下,综合生态、生产、生活三个方面的要素,整合多学科的知识,主要从内容、过程、格局、利益四个层面进一步具体探讨。

2.5　本章小结

首先,对乡村景观及其营建方法的概念进行了解读与界定。将景观界定为一个系统,一个建立在地方的自然生境、经济生产、居住生活三部分有机融合之上的有机体。营建方法则是指在景观整个的营建(规划、设计乃至施工)过程中所采用的主要的思路、途径、方式以及设计程序等,是一个体系,可分为内容、过程、格局、利益四部分。其次,分别对传统乡村景观营建的方法,既有的"自下而上"的营建方法,以及"自上而下"的营建方法的三种模式,从内容、过程、格局、利益四个角度,进行了具体的梳理与解读,分析其特征、优势、局限与不足。基于此,总结认为当下营建方法中整体性的缺失,是导致原本完整的乡村景观走向系统拆解的根源。当代的乡村景观建设需要反思并正视以上问题,乡村的可持续发展呼唤整体的营建方法。

3 乡村景观整体营建方法的理论基础

乡村景观的整体营建涉及自然、社会、经济等很多方面,涉及的相关学科理论也比较多。其中,系统原理是本书所立足的基本思路,另外,控制论原理、景观生态学的基本原理、共生原理与我们探讨乡村景观的营建也有着紧密的关联。本章在理论基础分析的基础上,提出了作为系统的乡村景观的整体营建体系,并对该体系的基本构成进行了探讨。

3.1 理论基础

3.1.1 系统论原理

1) 原理概述

"系统"一词源于古希腊语,是由部分构成整体的意思。按贝塔朗菲的观点,系统论包括普通系统论、控制论、信息论等。系统曾被这样定义:"系统是处于一定的相互关系中并与环境发生关系的各组成部分的总体。"[①]我国著名科学家钱学森也对系统的概念进行了界定:"什么是系统?系统就是由许多部分所组成的整体,所以系统的概念就是要强调整体,强调整体是由相互关联、相互制约的各个部分所组成的。"[②]系统定义中包括了要素、结构、功能等概念,表明了要素与要素、要素与系统、系统与环境三方面的关系[③]。系统论将对象看作是各要素以一定的联系组成结构与功能的统一整体,着重考察各部分之间的相互关系与变动的规律(图 3.1)。面对越来越多的复杂现象,传统的将事物分解成局部要素的分析方法已经难以胜任,系统论的出现使人们改变对以往的认知与分析习惯,提供了有效的思维方式,"我们被迫在一切知识领域中运用整体或系统概念来处理复杂性问题。这意味着科学思维基本方向的转变[④]。"以系统论、信息论、控制论为代表的三大理论与方法形成了系统科学的基础。

在系统论看来,系统无处不在。系统论的基本思想是强调整体性,整体大于部分之和,是系统论最重要的观点。在贝塔朗菲看来,系统论与机械论思想相对,包含了以下基本原理:整体性、等级结构、关联性、动态平衡等原理。这些原理既是系统所具有的基本思想观点,而且也是系统方法的基本原则。

整体性原理:贝塔朗菲认为,将有机体的要素简单分解和简单相加是机械论的错误观点

① [美]路·冯·贝塔朗菲,王兴成.普通系统论的历史和现状[J].国外社会科学,1978(2):66-74.
② 钱学森.论系统工程(增订本)[M].长沙:湖南科学技术出版社,1988:204.
③ 百度百科.http://baike.baidu.com/view/3183525.htm? fr=aladdin.
④ [美]冯·贝塔朗菲.一般系统论:基础、发展和应用[M].林康义,魏宏森,译.北京:清华大学出版社,1987:2.

之一,必须用作为整体的系统观点来看待研究对象。

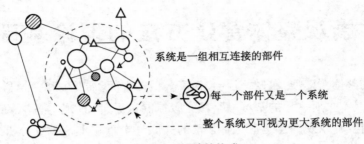

系统是一组相互连接的部件

每一个部件又是一个系统

整个系统又可视为更大系统的部件

图 3.1　系统的构成

(图片来源:王鹏.城市公共空间的系统化建设[M].南京:东南大学出版社,2002:10.)

等级结构原理:系统存在一定的等级结构秩序,包含着子系统与层次关系,系统的每一个子系统又是下一较低层次的系统。贝塔朗菲也将此称之为"层次序列",认为"一层一层的组合为层次愈高的系统"是作为整体的重要特征。对此,钱学森讲得更明确:"我们把极其复杂的研究对象称为'系统'……而且这个'系统'本身又是它所从属的一个更大系统的组成部分。"[1]

关联性原理:指系统要素彼此之间的相互关联,包括相互依赖、相互作用、相互交往、相互制约、互动互应。因此,着眼于考察组分之间、要素之间、变量之间的相互关联,也是系统思维的基本要求。

动态平衡原理:系统产生于相互作用中,而随着时间不断发展,系统还会在不同力的作用下不断演化。系统与环境之间、子系统之间、子系统的要素之间存在着相互作用,这是系统演化的动力。系统演化有向上前进的演化也有向下后退的演化,前者是系统演化的主要方向。因此在研究中,我们不仅要研究各种系统发展变化的方向和趋势,而且要探索它们发展变化的动力、原因和规律。

2) 乡村景观的营建需围绕系统原理展开

从认识上来说,乡村景观是由自然生境、经济生产、居住生活等三大子系统组成的具有一定结构和功能的系统整体。每个系统下又划分为若干子系统,乡村景观与子系统、要素之间形成一定的等级结构,要素之间彼此相互关联、相互作用,并在时间之下具有动态演化的特征。景观系统整体的运行与演进并非是各功能系统性质的简单相加,而是各要素间相互影响、各子系统间相互作用的整体结果。

因此,首先我们要运用整体或系统概念来认识乡村景观,对景观的认识不是停留在外在形式的表现上,而是应更着重考察景观的深层含义,即包括了景观各要素、景观系统的层级结构、景观形成各部分之间的相互关系、对景观的作用关系以及变动的规律,而后者对于景观的形成更为重要。例如对于乡村民居的认识,对村民而言,民居根本不是什么形式、色彩、尺度、比例的组成,而是意味着对周围自然环境、生产方式以及观念、传统风俗、生活生产方

---

① 钱学森.论系统工程[M].增订本.长沙:湖南科学技术出版社,1988:74.

式、建造习惯等层面的直接应对。专业人员以及管理者只有从这些角度展开认知,才能真正把握乡村民居背后形成的规律,真正了解最适合村民的景观需求。

其次,乡村景观是个动态的系统,景观与其他要素之间存在着随时间纬度变化的相互作用,并从一个平衡走向另一个平衡。如乡村生活方式的改变,要求聚落格局、住宅模式适应生活的需求随之改变,因此,相应的设计不应局限于对传统居住格局的全盘保留,而应在继承的基础上对相关要素进行调整、提升、改进。这也要求专业人员与管理者在规划、决策、实施时需要采用更灵活、富有弹性的方式,考虑昨天、今天以及明天的发展。

3.1.2 控制论原理

研究系统的最大意义,不仅在于认识系统的特点和规律,更重要的还在于利用这些特点和规律对系统进行控制、管理或改造,使其不断优化发展。因此,我们需要转向与系统论密切相关的控制论原理。

1) 控制论原理概述

(1) 概念

简单地说,控制论就是关于控制的理论。1948 年美国的诺伯特·维纳在其著名的《控制论——关于在动物和机器中控制和通信的科学》一书中,对其定义为:"控制论是研究包括人在内的实物系统和包括工程在内的非生物系统等各种系统中控制过程的共同特点与规律,即信息交换过程的规律。更具体地说,是研究动态系统在变的环境条件下如何保持平衡状态或稳定状态的科学。"①他特意创造"Cybernetics"这个英语新词来命名这门科学。控制论一词原意为"操舵术",就是掌舵的方法和技术的意思。贝朗塔菲认为,控制论是一系统和环境之间与系统内部的通信(信息传递),以系统对环境的功能的控制(反馈)为基础的一种控制系统理论(图 3.2)②。

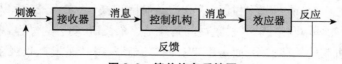

图 3.2　简单信息反馈图

(图片来源:[美]冯·贝塔朗菲. 一般系统论:基础、发展和应用[M]. 林康义,魏宏森,译. 北京:清华大学出版社,1987:39.)

总的来看,在控制论中"控制"的含义是指为了"改善"某个或某些受控对象的功能或发展,需要获得并使用信息,以这种信息为基础而选出的、加于该对象上的作用。由此可见,控制的基础是信息,一切信息传递都是为了控制,而任何控制又都依赖于信息反馈来实现。信息反馈是控制论的一个极其重要的概念。通俗地说,信息反馈就是指由控制系统把信息输送出去,又把其作用结果返送回来,并对信息的再输出发生影响,起到控制的作用,以达到预定的目的③。有些时候我们不能实现有效的控制,是因为没有获得足够的信息。

---

① 钱学森. 工程控制论:新世纪版[M]. 上海:上海交通大学出版社,2007.
② [美]冯·贝塔朗菲. 一般系统论:基础、发展和应用[M]. 林康义,魏宏森,译. 北京:清华大学出版社,1987:19.
③ 金观涛,华国凡. 控制论与科学方法论[M]. 北京:新星出版社,2005:40.

（2）正、负反馈机制①

反馈是控制论中最重要的原理。在控制论中,包括了随机控制、有记忆力的控制、共轭控制、负反馈控制等方法。其中,负反馈是增强人类控制能力的重要方法。负反馈调节的本质在于设计一个目标差不断减少的过程,通过系统不断将自己的控制后果与目标作比较,使得目标差在一次次控制中慢慢减少,最后达到控制目的。因而,负反馈机制必须具备两个环节:一是系统一旦出现目标差,便自动出现某种减少目标差的反应;二是减少目标差的调节要一次次地发挥,使对目标的逼近逐渐积累起来。

正反馈是一个目标差不断扩大的过程,从控制目标的偏离来说,它与负反馈正好相反。因此,它往往标志着预定目标控制过程的破坏。而若正反馈发展到达了极端,系统状态将大大超出稳定状态,就会导致组织的崩溃和事物的爆炸。正反馈、负反馈对于系统结构的演化都非常重要,通过对事物作用方式的调整,正反馈和负反馈之间可以相互转化。

（3）其他控制论原理

王如松在对各类自然和人工生态系统的考察中,提出了十大控制论原理②:胜汰原理、拓适原理、生克原理、反馈原理、乘补原理、瓶颈原理、循环原理、多样性和主导性原理、生态发展原理、机巧原理。总结以上原理它们可以归结为三条原则:一是对有效资源及可利用的生态位的竞争或效率原则;二是人与自然之间、不同人类活动间以及个体与整体间的共生或公平性原则;三是通过循环再生与自组织行为维持系统结构、功能和过程稳定的自生或生命力原则。

2）乡村景观的营建需形成循环反馈的可控机制

为实现景观的良性发展,我们需要改善相关要素的功能或发展,此时,形成反馈的机制非常重要。控制论告诉我们,有时候我们不能实现有效的控制,是因为没有获得足够的信息。比如,在乡村景观的营建中,专业技术人员是否能及时获得村民、管理者的信息反馈,并将之重新纳入营建的机制之中,是能否获得村民认同,调动村民积极性,实现景观和谐的关键。对于乡村而言,作为生活的环境与空间,乡村景观的营建是一个长期、动态的过程,系统的平衡有赖于他组织与自组织机制的长期作用,而村民自身的"参与"本身就是发挥景观系统自组织功能的内在机制。村民只有通过自身的参与,在专业人员的帮助下,将自己的理解作用于景观的塑造之中,才能获得真正属于村民自己的、满足自身生活需要的景观。

3.1.3　景观生态学原理③

景观生态学最初是在 1939 年由德国地理学家 C. 特罗尔在利用航片研究东非土地时提出来的。他将景观的概念引入生态学,是希望将地理学家采用的表示空间的"水平"分析方法和生态学家使用的表示功能的"垂直"分析方法结合起来。一般来说,景观生态学是研究景观空间结构与形态特征对生物活动与人类活动影响的科学。它是地理学和生态学交叉的

---

① 金观涛,华国凡. 控制论与科学方法论[M]. 北京:新星出版社,2005:26-33.
② 王如松. 生态整合:人类可持续发展的科学方法[J]. 科学通报,1996,41(5):47-67.
③ 本节主要参考于肖笃宁,李秀珍. 景观生态学[M]. 北京:科学出版社,2003:12.

一门综合性学科①。景观生态学研究的对象和主要内容可以概括为三个基本方面:景观结构、景观功能和景观动态②。

1) 一般原理

多学科综合是景观生态学的发展动力,关于景观生态学的一般原理,许多学者曾分别提出过相近的表述(表 3.1)。

表 3.1　景观生态学的一般原理

Forman（1986）	Forman（1995）	Risser（1984）	Risser（1987）	Farina（1995）
1. 景观结构与功能	1. 景观与区域	1. 空间格局与生态过程	1. 异质性和干扰	1. 格局和过程的时空变化
2. 生物多样性	2. 斑块、廊道、基质	2. 空间与时间尺度	2. 结构和功能	2. 系统的等级组织
3. 物种流	3. 大型自然植被斑块	3. 异质性对流和干扰的作用	3. 稳定性和变化	3. 土地分类（生态单元）
4. 养分再分配	4. 斑块形状	4. 格局变化	4. 养分再分配	4. 干扰过程
5. 能量流	5. 生态系统之间的相互作用	5. 自然资源管理框架	5. 等级理论	5. 土地镶嵌的异质性
6. 景观变化	6. 聚合种群运动			6. 景观破碎度
7. 景观稳定性	7. 景观抗性			7. 生态交错带
	8. 粒度大小			8. 中性模型
	9. 景观变化			9. 景观动态与演进
	10. 镶嵌系列			
	11. 外部结合			
	12. 必要格局			

（表格来源:肖笃宁,李秀珍. 景观生态学[M]. 北京:科学出版社,2003:12-29.）

这些原理中与乡村景观营建有密切关系的,概括起来有以下几个方面:

"斑块—廊道—基质"原理:"斑块—廊道—基质"反映了组成景观的结构单元模式。该模式为具体而形象地描述景观结构、功能和动态提供了一种"空间语言"。其中,斑块泛指与周围环境在外貌或性质上不同,并具有一定内部均质性的空间单元。如植物群落、湖泊、草原、农田或居民区等。廊道是指景观中与相邻两边环境不同的线性或带状结构。常见的包括农田间的防风林带、河流、道路、峡谷及输电线路等。基质则是指景观中分布最广、连续性最大的背景结构。常见的有森林、草原、农田等。由于观察尺度的不同,斑块—廊道—基质的区分往往是相对的。

整体性理论:景观系统的整体性是景观生态学得以整合的理论基础。一个健康的景观

---

① 肖笃宁,李秀珍. 景观生态学[M]. 北京:科学出版社,2003:4-6.
② 邬建国. 景观生态学——格局、过程、尺度与等级[M]. 北京:高等教育出版社,2007:13.

系统具有功能上的整体性和连续性。景观生态学不是去研究单一的景观组分(地貌、土壤、植物、动物),而是强调研究作为自然综合体或自然—文化综合体的景观的整体及其空间异质性。景观生态学研究不是去分别寻求景观的经济价值(生物生产力、区位)、生态价值和文化(美学)价值,而是致力于发挥其综合价值。

干扰与异质性理论:干扰是自然界中无时无处不存在的一种现象,直接影响着生态系统的演变过程。生态系统在空间的分布可用斑块—廊道—基质的模式来表达,异质性是景观系统的基本特点和研究出发点,在一定意义上,景观异质性可以说是不同时空尺度上频繁发生干扰的结果。景观异质性是景观的结构特性,指景观组分和要素在景观中总是不相关和不相似的。景观异质性主要体现在空间结构以及时间两个层面。时间异质性主要体现在生物的演替;空间异质性主要包括生态学过程和格局在空间分布上的不均匀性和复杂性,一般可理解为是空间斑块性(patchiness)和梯度(gradient)的总和。在该意义上可以说,景观的空间格局就是景观异质性的具体表现。景观异质性能提高景观的抗干扰能力、恢复能力、系统稳定性和生物多样性,并有助于物种的共生。

景观结构镶嵌理论:景观和区域空间异质性有两种表现形式,即梯度与镶嵌。镶嵌的特征是对象被聚集,形成清楚的边界,连续空间发生中断和突变。土地镶嵌性是景观的基本特征。

源—汇系统理论:源、汇景观是针对生态过程而言的,源景观是指那些能促进生态过程发展的景观类型;汇景观是指那些能阻止、延缓生态过程发展的景观类型。对于非点源污染来说,一些景观类型起到了"源"的作用,如山区的坡耕地、化肥施用量较高的农田等;一些景观类型起到了汇的作用,如位于源景观下游方向的草地、林地、湿地景观等。对于生物多样性保护来说,能为目标物种提供栖息环境、满足种群生存基本条件,以及利于物种向外扩散的资源斑块,可以成为源景观;不利于种群生存与栖息以及生存有目标物种天敌的斑块可以称之为汇景观。源—汇系统理论的提出主要是基于生态学中的生态平衡理论,从格局和过程出发,将常规意义上的景观赋予一定的过程含义,通过分析源—汇景观在空间上的平衡,来探讨有利于调控生态过程的途径和方法。

景观连接度理论:对景观空间结构单元相互之间连续度的量度,侧重于反映景观的功能。景观连接度研究景观要素在功能和生态学过程上的有机联系,这种联系可能是生物群体间的物种流,也可能是景观要素间直接的物流、能流与信息流。Goodwin(2003)将景观连接度的度量归纳为同廊道是否存在、斑块间的距离、景观中的生境数量等十类要素相关。欧洲启动贯穿欧洲大陆的生态网络工程"自然2000",其方法就是通过建立运动廊道提高整个区域的景观连续性,从而增加物种在破碎景观中的扩散能力。

不可替代格局[①]:景观规划中作为第一优先考虑保护或建成的格局是几个大型的以自然植被斑块作为水源涵养所必需的自然地;有足够宽的廊道用以保护水系和满足物种空间运动的需要;而在开发区或建成区里有一些小的自然斑块和廊道,用以保证景观的异质性。这一优先格局在生态功能上具有不可替代性的理由在前几条一般原理里已阐明。它应作为

---

① 俞孔坚,李迪华. 城乡与区域规划的景观生态模式[J]. 国外城市规划,1997(03):27-31.

任何景观规划的一个基础格局。根据这一基础格局，又发展了最优景观格局。

最优景观格局[①]："集聚间有离析"(aggregate-with-outliers)被认为是生态学意义上最优的景观格局(Forman,1995)。这一模式(原理)强调规划师应将土地利用分类集聚，并在开发区和建成区内保留小的自然斑块，同时，沿主要的自然边界地带分布一些人类活动的"飞地"。集聚间有离析的景观格局有许多生态优越性，同时能满足人类活动的需要(McHarg,1969；Forman and Godron, 1986；Franklin and Forman,1987)。包括边界地带的"飞地"可为城市居民提供游憩度假和隐居机会；在细质地的景观局部是就业、居住和商业活动的集中区；高效的交通廊道连接建成区和作为生产或资源基地的大型斑块，这一理想景观格局还能提供丰富的视觉空间。这一模式同样适用于任何类型的景观，从干旱荒漠和森林景观，到城市和农田景观。

2) 景观生态学对乡村景观营建的启示

随着人为活动的日益加剧，区域景观破碎化和建设用地的恣意蔓延等现象越来越突出，乡村景观格局的整体性与连续性下降，干扰了正常的景观生态过程和生态调控能力。景观生态学的相关原理可以指导区域的景观空间配置，优化景观结构和功能，从而提高景观的稳定性，因此，相关理论已广泛地应用于发达国家的生态环境建设中，如生态廊道的建设，在乡村景观中注重增加景观的异质性来创建新的景观格局等。

从前文理论的介绍可以看出，景观生态学理论主要应用于自然景观的规划建设，而忽略或低估了人类活动对于景观系统的巨大影响。一些景观生态学家已经注意到了这一问题。Robert V. O'Neill(1999)就指出人类经济活动是景观格局及其变化的决策者，并建议景观生态学应利用发展完备的经济地理学理论[②]。而对于人类复杂活动参与的乡村景观，由于存在多元主体的经济利益问题，景观生态学尚不足以解决乡村景观营建中的所有问题，还需要共生理论的指导。

3.1.4　共生原理[③]

共生原理源于生物学，19世纪末德国生物学家德贝里(Anton de Bary)首次提出共生概念，并将其定义为不同种属按某种物质维系长期生活在一起。20世纪五六十年代以来，经过长期的发展，共生理论的研究已经越来越完善，并且已广延到生态、社会、经济的各个领域，并显示出蓬勃的生命力。在中国，学者袁纯清最早利用共生原理与方法，从经济学的角度对共生理论进行了系统解析，并进行小型经济的研究。下文我们首先对共生原理进行综述。

1) 共生原理

(1) 共生三要素[④]

共生有三要素，由共生单元(U)、共生模式(M)和共生环境(E)构成。任何共生关系都是以上三要素的组合，在共生关系的三要素中，共生模式是关键，共生单元是基础，共生环境是重要的外部条件(图3.3)。

---

① 俞孔坚，李迪华. 城乡与区域规划的景观生态模式[J]. 国外城市规划，1997(03)：27-31.
② 肖笃宁，李秀珍. 景观生态学[M]. 北京：科学出版社，2003：12-29.
③ 该部分主要参考于袁纯清. 共生理论：兼论小型经济[M]. 北京：经济科学出版社，1998；袁纯清. 共生理论及其对小型经济的应用研究[J]. 改革，1998(2)：76-86.
④ 袁纯清. 共生理论：兼论小型经济[M]. 北京：经济科学出版社，1998.

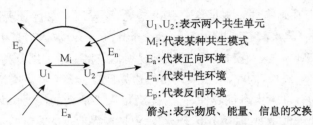

图 3.3　共生三要素关系示意图

（图片来源：袁纯清. 共生理论：兼论小型经济[M]. 北京：经济科学出版社，1998：9.）

共生单元：是构成共生体或共生关系的基本能量生产和交换单位，是形成共生体的基本物质条件。共生单元是相对的，共生单元随分析的层次变化而有所差异。例如在企业共生体中，每一个企业员工都是共生单元，在整个企业系统中，员工、设备、资本都是共生单元，在一个行业中，每个企业都是共生单元。

共生模式：也称共生关系，是指共生单元相互作用的方式或相互结合的形式。它既反映共生单元之间作用的方式、强度，也反映它们之间的物质、能量和信息交互关系。共生关系在行为方式上，可分为寄生关系、偏利共生关系、非对称互惠共生关系和对称互惠共生关系（表3.2）。在组织化程度上，它们又可被分为点共生、间歇共生、连续共生和一体化共生（表3.3）。不同的共生模式有着不同的模式特征，随共生单元、共生环境的变化而变化，各种模式之间可以互相转化。

表 3.2　共生行为模式比较

	寄生	偏利共生	非对称互惠共生	对称互惠共生
共生单元特征	1. 共生单元在形态上存在明显差异； 2. 同类单元亲近度要求高； 3. 异类单元只存在单项关联	1. 共生单元形态方差可以较大； 2. 同类单元亲近度要求高； 3. 异类共生单元存在双向关联	1. 共生单元形态方差较小； 2. 同类共生单元亲近度存在明显差异； 3. 异类单元之间存在双向关联	1. 共生单元形态方差趋近于0； 2. 同类共生单元亲近度相同或相近； 3. 异类单元之间存在双向关联
共生能量特征	1. 不产生新能量； 2. 存在寄主向寄生者能量的转移	1. 产生新能量； 2. 一方获取全部新能量，不存在新能量的广普分配	1. 产生新能量； 2. 存在新能量的广普分配； 3. 广普分配按非对称机制进行	1. 产生新能量； 2. 存在新能量的广普分配； 3. 广普分配按非对称机制进行
共生作用特征	1. 寄生关系并不一定对寄主有害； 2. 存在寄主与寄生者的双边单向交流机制； 3. 有利于寄生者进化，而一般不利于寄主进化	1. 对一方有利而对另一方无害； 2. 存在双边双向交流； 3. 有利于获利方进化创新，对非获利方进行无补偿机制时不利	1. 存在广普的进化作用； 2. 不仅存在双边双向交流，而且存在多边多向交流； 3. 由于分析机制的不对称性，导致进化的非同步性	1. 存在广普的进化作用； 2. 既存在双边交流机制，又存在多边交流机制； 3. 共生单元进化具有同步性

（表格来源：袁纯清. 共生理论：兼论小型经济[M]. 北京：经济科学出版社，1998：55.）

表 3.3　共生系统的共生组织模式比较

	点共生模式	间歇共生模式	连续共生模式	一体化共生模式
概念	1. 在某一特定时刻共生单元具有一次相互作用; 2. 共生单元只在某一方面发生作用; 3. 共生关系具有不稳定性和随机性	1. 按某种时间间隔,共生单元之间具有多次相互作用; 2. 共生单元只在某一方面或少数方面发生作用; 3. 共生关系具有某种不稳定性和随机性	1. 在一封闭时间区间内共生单元具有连续的相互作用; 2. 共生单元在多方面发生作用; 3. 共生关系比较稳定且具有必然性	1. 共生单元在一封闭时间区间内形成了具有独立性质和功能的共生体; 2. 共生单元存在全方位的相互作用; 3. 共生关系稳定且具有内在必然性
共生界面特征	1. 界面生成具有随机性; 2. 共生介质单一; 3. 界面极不稳定; 4. 共生专一性水平低	1. 界面生成既具有随机性也有必然性; 2. 共生介质较少,但包括多种介质; 3. 界面较不稳定; 4. 共生专一性水平较低	1. 界面生成具有内在必然性和选择性; 2. 共生介质多样化且有互补性; 3. 界面比较稳定; 4. 均衡时共生专一性水平较高	1. 界面生成具有方向性和必然性; 2. 共生介质多元化且存在特征介质; 3. 界面稳定; 4. 均衡时共生专一性水平高

（表格来源:袁纯清. 共生理论:兼论小型经济[M]. 北京:经济科学出版社,1998:46.）

共生环境:共生环境是指共生关系即共生模式存在发展的外生条件。共生单元以外的所有因素的总和构成共生环境。如市场环境与政策构成了企业共生体的共生环境。按性质的不同,共生环境是多重的,不同环境对共生关系的影响也不同。可以分为正向环境、中性环境和反向环境。正向环境对共生体起激励和积极作用;中性环境对共生体既无积极作用,也无消极作用;反向环境对共生体起抑制和消极作用。反之,共生体对环境的影响也可以表现为三种类型:正向作用、中性作用和反向作用(表 3.4)。

表 3.4　共生体与环境之间的组合关系

	正向	中性	反向
正向	双向激励	共生激励	环境反抗正向激励
中性	环境激励	激励中性	环境反抗
反向	共生反抗正向激励	共生反抗	双向反抗

（表格来源:袁纯清. 共生理论:兼论小型经济[M]. 北京:经济科学出版社,1998:17.）

（2）共生关系形成的条件[①]

存在共生界面:潜在的或候选的共生单元之间要形成共生关系,首先必须具有某种时间和空间上的联系。在给定的时空条件下,它们之间应存在某种确定的共生界面,这种共生界面,一方面为共生单元提供接触机会,提供表达共生愿望和信息的窗口;另一方面,一旦共生

---

① 袁纯清. 共生理论:兼论小型经济[M]. 北京:经济科学出版社,1998.

关系形成,这种共生界面就会演化成共生单元之间物质、能量和信息的转移传递通道,即共生通道,这种通道的存在是共生机制建立的基础。

共生单元间存在物质、信息和能量联系:共生单元的联系往往表现为按某种方式进行物质、信息和能量交流,具有三个方面的作用。一是促进共生单元某种形式的分工,弥补每一种共生单元在功能上的缺陷;二是促进共生单元的共同进化,物质、信息和能量的交流过程,也是共生单元相互适应、相互激励的过程;三是通过这种联系使共生单元按照质量所规定的形式形成某种新的结构。

共生关系形成过程具有规律性:共生对象的选择是共生形成和发展的重要组成部分。一方面任何共生单元都是选择与之具有某种关系的其他共生单元作为共生对象,其选择的原则体现在有利于自身功能的提高,能力强、匹配成本低的将被优先选择;另一方面共生对象的选择往往不是一步完成的,是逐渐相互识别和认识的过程,表现为共生度逐渐提高的过程。同时,共生关系随共生环境的变化和共生单元自身的变化而变化,共生关系不仅存在由松到紧的过程,而且也存在由紧到松的过程。

共生单元之间存在共生机制:共生机制是指共生单元间相互作用的动态方式。在任何一种共生关系中,共生机制都包括三个方面,即由环境作用形成的环境诱导机制;由共生单元的相互作用形成的共生动力机制;由共生单元间的性质差异、空间距离和共生界面的介质性质所形成的共生阻尼机制。这三种机制的相互结合共同形成共生的总体机制,反映共生关系演化的基本规律。

(3)乡村景观的营建需要共生原理的指导

乡村景观中的共生关系包括了人与自然的互利共生,生态、社会、经济效益的一体化共生。实现共生共荣是景观营建的最终目标。根据共生原理,共生过程是一种自组织过程,它既具有自组织过程的一般特征,又具有共生过程的独特个性。合作是共生现象的本质特征之一,共生并不是排除竞争,而是指共生单元之间的吸引和合作。不是共生单元自身性质和状态的丧失,而是继承和保留;不是共生单元的相互替代,而是相互补充和促进,是通过共生单元内部结构和功能的创新,促进其竞争能力的提高。共生过程是共生单元的共同进化过程,共同适应、共同发展是共生的深刻本质,共生为共生单元提供理想的进化路径,这种进化路径使单元之间共同进化。共生反映了组织之间的一种相互依存关系,这种关系的产生和发展,能使组织向更有生命力的方向演化。进化是共生系统发展的总趋势。尽管共生系统存在多种模式,但对称互惠共生是系统进化的一致方向,是生物界和人类社会进化的根本法则。所有共生系统中对称性互惠共生系统是最有效,也是最稳定的系统,任何具有对称互惠共生系统特征的系统在同种共生模式中具有最大的共生能量[①]。在景观的营建中,我们要运用共生原理,加强、整合并协调乡村景观的生态、生产、生活三大系统、系统要素之间的关系,科学地引导一些共生关系向预定的方向发展。如在景观要素中生产与生活之间、传统产业与旅游业之间建立起合作、竞争关系,通过相互补充、促进,共同进化,通过要素自身结构和功能的创新,促进竞争能力的提高,也同时增强系统的稳定性与抗干扰能力,从而推动景

① 袁纯清.共生理论:兼论小型经济[M].北京:经济科学出版社,1998.

观的良性优化发展。

　　乡村景观的营建涉及自然、社会、经济等很多方面,涉及的相关学科理论也比较多。其中,系统原理是其景观营建的总理论,控制论原理、景观生态学原理、共生原理等是实现各景观子系统、要素之间的协调与整合的局部理论。当前,乡村景观系统的环境以及要素都发生了变化,打破了原本的平衡状态,基于此背景,迫切需要建立一套整体的方法,加强要素之间的关联、协调各系统因子关系,以实现乡村景观系统的平衡稳定进化,实现社会、经济、环境的平衡与可持续发展。以上原理从整体、综合的科学思维出发,为景观的整体优化提出了发展方向。

3.2　关于乡村景观的整体营建方法

　　乡村景观的整体营建体系从本质上说是学习传统乡村景观的精神根基,在新的时代发展背景下,将自然生境、经济生产、居住生活进行整体考虑,从而实现三者的动态平衡与协调,最终实现自然、社会、经济的可持续发展的系统方法。借助于系统原理的思想、前文对营建方法的界定以及对传统与现行营建方法的比较分析(表 3.5),我们提出乡村景观的整体营建体系包括内容、过程、格局、利益四部分——指向营建内容的系统性、营建过程的控制性、景观格局的生态性、利益主体的共生性。其中,内容的系统性营建属于思路性方法,过程的控制性与格局的生态性属于技术性方法,利益的共生性思考既属于思路性也属于技术性方法。具体包括:

表 3.5　乡村景观的营建方法比较

	传统乡村景观营建方法	当下乡村景观营建方法	乡村景观的整体营建方法
营建内容	自然生境—经济生产—居住生活的营建	集中在物质形体、经济发展方面	城乡统筹下的自然生境—经济生产—居住生活的系统营建
营建过程	"自下而上"自主的、演化的、过程的建设	"自上而下"的、大规模的快速建设	"自上而下"与"自下而上"相结合的、有控制的建设
景观格局	师法自然	随意性与主观性	人与自然的和谐共生
利益主体	反映村民的利益	主体利益的失衡	利益主体的共生协调

(表格来源:笔者自绘)

　　1) 营建内容的系统性

　　整体的营建必然需要实现营建内容从散在到系统化的转变。乡村景观系统包括了生境、生产、生活子系统,各子系统之间存在着相互作用、相互影响的关系。乡村景观的整体营建不是停留在物质形体或是经济发展的层面,而是将产业纳入进来,整体、全面地审视与协调生境—生产—生活之间的关系,最终实现"三位一体"的平衡发展。因此,在尺度上乡村景观整体营建的范围不局限于单体、村落景观,而是扩展到了包含单体、村落到村域的整体范畴,这也是营建内容系统化的必然要求。

2)营建过程的控制性

整体营建强调过程性、控制性与可操作性。整体营建是一个包含了专业人员、管理者、村民、工匠等的共同参与,包含了自上而下和自下而上的、能够"循环反馈"的过程体系。目标在于通过不同环节的"控制"与"非控制",培育乡村景观自然演化的良性机制,最终引导、推动系统健康的自组织演化,使景观自发呈现完善、有机、多样的特征。这是一个由专家体系向开放体系建立的过程,是一个传统匠人营建机制"修复"的过程,是一个推动村民参与、自发、自觉、互助合作的家乡建设的过程,也是一个社会整合的过程。该过程强调综合目标的实现、强调开放的村民参与和一步步的过程推进,最终方案是不断协商后的结果而非某预设的蓝图,因此具有较强的可操作性。

3)景观格局的生态性

作为一个生境、生产、生活高度复合的生态系统,景观格局的生态性指向系统的循环再生能力。这三者中,自然生境、历史文脉的保护是基础,但这种保护也不是静止的保护,而是直面乡村建设面临量的扩张、质的提升的双重需求,在需求与矛盾之下,更加合理地利用自然、提升村民所期许的生活品质,实现自然保护、文脉传承与发展的平衡,最终实现生态、社会与经济的平衡发展。这更多地强调资源的保护、集约与高效利用,以及系统机能的优化、提升。

4)利益主体的共生性

对于人类复杂活动参与其中的乡村景观,景观生态学尚不足以解决乡村景观营建中的所有问题,还需要运用共生原理的思维平衡多元主体利益之间的关系,使其互相作用,互相促进。整体的营建在过程中针对专业人员、管理者、外来资本、村民、游客等不同的利益主体,通过共同参与讨论、协商、平衡以及适当的空间策略,来共同评价与决策景观的利益归属,协调多主体利益的共生平衡,也因此能够兼顾生态、社会、经济效益。

3.3   本章小结

乡村景观的营建涉及自然、社会、经济等很多相关学科理论。其中,系统论原理是乡村景观营建方法的总理论,控制论原理、景观生态学原理、共生原理等是实现各景观子系统、要素之间的协调与整合理论。研究通过对系统论、控制论、景观生态学、生物共生等原理的分析,提出了系统、完整的乡村景观整体营建体系,包括营建内容的系统性、营建过程的控制性、营建格局的生态性以及营建利益的共生性四个方面。本书接下来的研究将结合浙江省具体案例,分别对这四个方面的模式、方法、策略进行具体的探讨。

4 乡村景观营建内容的系统性

系统视野下,乡村景观的整体营建不是停留在物质形体或是经济发展的层面,而是全面地审视与协调自然生境—经济生产—居住生活之间的关系,最终整体实现乡村经济、社会、环境的平衡发展。本章将通过探讨乡村景观营建系统性的内涵和要素构成,从而清晰地界定乡村景观的营建内容,明确地指导乡村建设的发展导向。并在此基础上,进一步探讨与产业要素相关的营建技术方法,且结合浙江省典型村庄实践加以验证。

4.1 营建内容的系统性

作为一个系统,乡村景观具有所有系统的共同特征。根据系统论原理,景观系统至少包含着整体关联性、层级性、动态性等特征。首先从整体关联性的角度分析、界定乡村景观系统的内容,包括以下三个相互关联的部分:生境景观、生产景观、生活景观。这三个子系统,共同在乡村景观中发挥作用,并互相关联、难以分割。其次从层级性(空间尺度)的角度,研究将乡村景观分出村域、村落、宅院这三个基本层级,从而可以从宏观、中观、微观的每个层级上,重点突出生境、生产、生活景观三部分之间的相互关系。最后从动态性的角度,指出需要从时间这个变量上来理解乡村景观。

4.1.1 系统要素的关联性

要素的关联性是指在营建中以系统的思维,注意整合乡村自然生境、经济生产、居住生活之间的关系,使三者之间相互支撑、共同发展(图 4.1)。具体来说,乡村景观是各子系统(自然生境、经济生产、居住生活)之间相互作用的整体呈现,整体具有其组成部分以及部分简单相加所不具有的系统特质,而一旦失去了哪一部分,系统的特质也将不复存在。对这些要素的整体考虑即"三生一体"构成乡村景观整体营建方法的主要内容。再回到传统乡村景观的形成来说,在一定程度上,观赏性并不属于其本质属性,三生系统的相互依存、共生共荣才是其本质。在三生系统中,

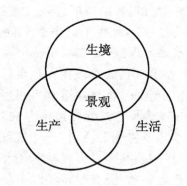

图 4.1 乡村景观营建一体化

(图片来源:笔者自绘)

生境要素是景观营建的自然基础,体现着景观的生态质量;经济产业是动力基础,体现着景观发展的可持续力;居住生活是物质与精神基础,体现着景观的文化魅力与生命活力。体现这些要素关联的原则如下:

① 生境优先：整体营建要突出自然生境系统的核心地位，理解并尊重自然规律，而将生活生产等人类行为保持在一定的环境承载范围之内，最大限度地减少对自然生境的干扰。② 经济绿色高效：乡村建设应促进经济的可持续发展，而不是盲目提升经济指标，这要求我们树立绿色、高效的经济发展观念。要促进资源的合理高效利用、产业结构的优化联动、绿色经济的形成。③ 生活宜居：立足于现实生活需求，改善和提升村民的居住品质，促进环境、交通等基础设施，以及教育、医疗、就业等公共服务等设施的优化完善等。

目前，我国乡村正处于产业结构与社会形态转型的关键时期。从产业层面来说，乡村产业多元转型，产业结构中二、三产业的比重不断增加，产业结构分化明显；从社会形态来说，村民就业多元化，生活方式也逐渐向城市生活方式靠拢。而伴随着经济水平的提升，大规模的建设活动在乡村自发地展开，乡村的自然生境面临挑战与压力。整体的思维要求我们在乡村景观营建中要充分考虑这些新的发展趋势与现实的生活要求，最终实现人与环境的和谐、经济产业与乡村社区的同步发展。已被列入《世界遗产名录》的瑞士拉沃村庄，正是通过将乡村生态、特色产业（葡萄种植与酿酒）、旅游业、地方生活有机整合起来，使生境、生产、生活之间相互支持、相互促进，从而实现了经济、社会与环境的平衡与融合。

4.1.2　系统层级的整体性

营建层级的整体性主要是指乡村景观在村域、村落、宅院不同层级尺度的整体实现。乡村景观的整体营建从范围上讲，体现在这三个层级尺度的综合，这一方面是由于乡村较小的规模与尺度，但更重要的是由乡村三个层级之间的密切关联所决定的。

在乡村，村域指向一个行政村的范围，包括了村落以及村落之外的产业空间、农田林地等自然环境空间。较之与城市，乡村村域自然景观的范围远大于人工景观，村落空间往往不足整个范围的十分之一，村域整体内所体现的景观结构更多是农田、山林和水域的形态和布局，反映出乡村的自然生态格局以及产业空间形态。在通常的情况下，农田、山林、水域往往是乡村生产、经济的来源，这些要素所构成的村域产业结构以及产业空间，将直接影响乡村经济发展水平以及聚落生活空间的建设。而长期以来，由于国内城乡二元制度的存在带来的"城乡分治"，我国对乡村建设的问题关注甚少。有限的乡村建设活动多集中在村落以及宅院的层级，而村域层级的发展大体是被忽视的，村域空间多在自发状态下形成，缺乏整体的规划与优化。从村域层级主要内容指向产业的角度，在很多实践中整个产业系统对村庄景观空间发展的动力作用远远未被激发出来。尤其是农业，经济收益偏低，致使村民生活质量持续低下，缺乏农业经营积极性，人口流失严重。自2004年以来，我国持续发布中央一号文件，始终强调把加强农业作为全部工作的"重中之重"。而这一切都提示乡村建设需要一个科学合理的产业规划。

在城市的规划中，由于较大的尺度与规模，通常包括总体规划、详细规划、专项规划（如产业规划）等，这些规划是分层次、分专项完成的，每个专项可以自成体系，便于项目的深化与实施。而相对于城市,乡村的尺度与规模较小,涉及的内容较少,这些规划相互依存、相互发生作用的关系更加紧密,因此难以进行分别划分。而一些现行的村庄规划仍沿用了在城市中制定规划的方法,集中于聚落、单体的探讨,缺乏从村域整体角度的考虑。

20 世纪 90 年代以来,我国逐渐建立了村镇规划的技术标准体系。在实际操作中,各省市根据各自具体情况进一步制定了村庄建设的条例、导则。例如,浙江省曾先后出台了《浙江省村庄整治规划编制内容和深度的指导意见》(2007)、《浙江省美丽乡村建设行动计划(2011—2015 年)》,要求就村庄性质、发展方向、用地布局、整治内容等方面内容作出规划和提出要求,重点关注村庄性质、发展方向、用地布局、整治内容、基础设施等各类专项规划和建筑设计。这种规划模式打破了以往分专项、分层次的方式,而将诸多原本就相互联系、相互影响的规划相融合,从而有可能从整体的层面来把握与解决问题。

4.1.3　系统演进的动态性

乡村景观是一个动态演进的系统,景观与其他要素之间存在着随时间纬度变化的相互作用,而时间是赋予景观深刻文化价值的重要纬度,这要求我们在营建中要纳入对时间因素的思考。回顾乡村景观发展变迁的历史,我国乡村的发展阶段基本可以分为这样几个时期:土改时期(1950)、人民公社时期(1958)、改革开放时期(1984)、21 世纪以来的新农村建设时期。每个时期都会有关键的政策、土地制度、产业模式发生变化,继而影响到景观的变迁。总体来看,乡村景观是一种漫长的历史积淀,与一片空白的基地不同,面对一个既有乡村,如何把历史与现代生活结合在一起,建筑师们首先面对的其实是一个时空课题。面对新的转型保持清醒的态度,在原有的自然与社会生态上发展,并为未来的发展留有余地,是系统动态演进特性的要求。

对此,在乡村景观的营建中,我们提倡"小规模、渐进式更新"的模式。"渐进"模式与"推倒重建"相对,其核心思想是有机更新,指顺应原有结构肌理而进行的改良;而推倒重来是一种大拆大建的方式,这种方式会带来"统一化""平均化"的安置问题,其做法不但造成了资源的浪费,而且忽视了村落文脉的历史性和社会网络的整体性,失去了与原有场地的对话,使原有的乡村景观的自然演进割裂破碎。在有机更新的基础上,我们提倡在尊重原有的景观要素基础上进行"小规模、渐进式"更新——小规模带来较少的现状干预,带来资金运用、项目实施的灵活性,渐进带来乡土与历史资源传承与保护,继而产生新旧融合。这种模式根植于村民原有的生活环境,能够最大化地保持原有乡村景观体系的完整性与地方性传承,实现乡村景观的动态有机演进。

4.2　系统视野下的乡村景观营建要素

探讨乡村景观的内容要素框架,能够清晰地界定乡村景观,从而清楚地指导乡村景观的营建研究。其总体框架如下(表 4.1):

表 4.1   乡村景观营建内容的总体框架

		村域层级	村落层级	宅院层级
营建内容总体框架	总体结构	山林—水系—农田—村落	节点—街巷—组团（点—线—面）	院落—产业空间—生活空间
	生境景观	地形地貌、水系、林地	地形、植物、水体	地形、庭院植物
	生产景观	农耕用地、产业用地	生产用房（工业、农家乐）、水利设施、晾晒用地、小型生产劳作用地	庭院经济作物、日常生产劳作
	生活景观	村落	街巷网络、居住组团、公共组团、公共节点（神圣性、世俗性）、公共活动场景	民居＋院落 日常生活场景

（表格来源：笔者自绘）

4.2.1　村域层级

　　从村域来说，乡村景观主要指人们远望乡村时感知到的景观。一般来说，这一层级大多体现为"山林—水系—农田—村落"的景观格局（图 4.2）。乡村一般山多水多，在该层级具体内容如下（表 4.2）：

表 4.2   村域层级需考虑的景观要素

		景观整体格局	要素	要素类型
村域层级的景观要素	生境	山林—水系—农田—村落	地形	山地丘陵/平原/平原水网
			林地	自然林/经济林
			水系	河流/池塘/湖泊/湿地
	生产		农业/工业/第三产业	山地：梯田旱田/梯田水田 平原：平原旱地/平原水田
	生活		村落	从形态上分，可分为点状、组团状、带状等

（表格来源：笔者自绘）

　　① 从地形地貌上来说，主要可分为山地、平原、平原水网三种类型，因此乡村可主要分为三大类——山地丘陵型、平原型、平原水网型（海岛乡村较为特殊，未划入本次研究范围）；② 水系，是指较大规模的水系，可分为河流、池塘、湖泊、湿地等不同类型；③ 林地指具有一定规模的林地，根据不同属性可以分为自然林、经济林等；④ 根据主导产业的类型，可以分为农业、工业、第三产业等；根据不同的地形，产业用地的类型又可

图 4.2   村域层级的景观

（图片来源：笔者自摄于浙江大竹园村）

分为梯田旱地、梯田水田,以及平原旱地、平原水田等;⑤ 对于村落而言,基本以点状、组团状、带状等形态存在,并与农田或山林相邻。

如何在该层级根据村庄自身优势,依托自然生态,构建和谐的"生境—生产—生活"场景,激发产业系统对村庄景观空间发展的动力作用,是系统营建的关键内容,这内容在以往建设中也是缺失的。

4.2.2　村落层级

在村落层级,乡村景观营建的内容指人们进入村落之中所感知到的景观,整体上表现为"节点—街巷—生产组团—生活组团"所构成的景观格局(图 4.3)。其营建内容具体包括(表 4.3):① 从生境的角度,地形体现为平地或是山地,植物主要指道路绿化以及组团之间的小型块状绿化、风水林等,水系以小规模为特征,主要指水井、小型水系水网以及村口水口等。② 从生产的角度,主要包含了生产用房如粮仓、蓄养用房等,水利灌溉设施如水渠、堰坝等,以及小型生产与经营场地如房前屋后的果树、竹林、菜地、晾晒场地等;对于发展旅游业的乡村,为应对乡村旅游接待的功能需求,旅游配套服务性设施也属于该层面考虑的内容。③ 从生活的角度,包括了街巷网络、组团以及公共节点(包括神圣性、世俗性公共设施)等景观要素。

图 4.3　村落层级的景观

(图片来源:笔者自摄于浙江大竹园村)

表 4.3　村落层级需考虑的景观要素

	景观整体格局	要素	要素类型
村落层级的景观要素	生境		地形	山地/平地
		植物	道路绿化(乔/灌/草)/小型块状绿化/风水林
		水	水口/水井/水网/小型水系
	生产	节点—街巷—生产组团—生活组团	农业	生产用房/水利设施/小型生产场地(果园、菜园、晾晒场地)/旅游配套设施
		工业	
		第三产业	
	生活		街巷网络	—
		组团	居住组团/公共组团
		公共节点	入口/广场/节点/公共建筑

(表格来源:笔者自绘)

在村落层级的营建中,要重视生产要素包括生产用房、小型生产经营场地、水利设施等在乡村特色中发挥的历史文化价值,而这些有着时代发展印记的景观要素在以往的乡村景观营建中常常被忽视。如笔者在大竹园村调研时就发现,在上一轮的乡村规划建设中,虽然对民居单体进行更新改造,新建了乡村游乐区,但一些以往的灌溉用水渠仍处于闲置状态,并未纳入景观的营建内容(图 4.4)。

4.2.3　宅院层级

乡村景观在宅院层级包括了住宅和院落。整体上体现为"院落—产业空间—生活空间"的景观格局(图 4.5,图 4.6)。在各要素层级,内容如下(表 4.4):

图 4.4　原有的水利设施景观
(图片来源:笔者自摄于浙江大竹园村)

①从自然生境的角度,地形体现为平地或是山地,植物主要指庭院绿化;②从经济生产的角度,包含了生产用房、庭院经济作物、生产性工具以及家庭手工业劳作等;③从居住生活的角度,宅院单元的空间模式、民居细节以及人的行为活动都属于景观的一部分。

图 4.5　宅院层级的晾晒景观
(图片来源:笔者自摄于浙江大竹园村)

图 4.6　宅院层级的经营景观
(图片来源:笔者自摄于杭州白乐桥村)

基于当前乡村二、三产业比重不断增加的现状,产、住混合的居住模式成为乡村的普遍情况。如在景观资源优异的乡村,农家乐经营成为家庭收入的主要来源,但也给乡村的自然生境系统带来污染、给日常的生活带来很多干扰。在该层级的营建中,从技术上平衡家庭个体生产经营活动与自然生境、日常生活的关系是系统营建的主要内容。

表 4.4　宅院层级需考虑的景观要素

宅院层级的景观要素		景观整体格局	要素	要素类型
	生境	院落—产业空间—生活空间	地形	山地/平地
			庭院绿化	乔/灌/草
	生产		农业/工业/第三产业	生产用房/生产性工具/庭院经济作物/家庭手工业劳作
	生活		居民+院落 日常生活场景	空间模式/屋顶/墙体/细部/技术

（表格来源：笔者自绘）

4.3　体现内容系统性的技术方法

整体营建的一个首要任务就是探讨如何将乡村特有的自然生境、经济生产以及居住生活纳入一个完整的系统之中，使其相互支撑、和谐共生。具体说来，要根据不同村庄的现状问题、产业类型、基础条件，整体统筹地思考村庄科学合理的发展目标、定位与建设原则，以实现村域空间、产业、景观同步、整体的优化与提升。

经调研发现，自组织下的浙江乡村建设多在聚落与单体层面展开，村庄发展缺乏整体布局与优化的思考，特别是缺乏产业整合下的相关思考。村庄发展现状往往存在以下问题：

①产业功能单一，产值低下，劳动力流失现象严重。传统农业经济是以家庭个体农业、手工劳作为特征的产业活动，其作用主要是为家庭提供物质基础，是生命的保障。而现代社会，由于经济收益的低下，传统农业对于村民在生命保障上的意义已经不大。为了收益，许多乡村的青壮年村民外出打工，村落中只剩下老人和儿童留守，土地也逐渐荒废。以上现象导致乡村劳动力流失、传统劳作方式与技能的失传，不仅关系到国家的经济发展和社会稳定，更是带来乡村景观的异化。②产业发展盲目，一哄而上，缺乏区域性的产业规划，产业雷同，缺少科学的互补与强化关系。一些乡村无视自身条件，看到其他村庄发展旅游也积极跟进，但是缺乏理性的产业引导，在雷同产业的竞争中明显导致后劲不足。③基础设施薄弱，可达性差，产业空间、村落之间缺乏有机的联系。④产业空间混乱无序，影响景观视觉以及村民生活。显然，乡村整个村域空间结构面临着调整与优化。

可见，在目前的浙江乡村，整个产业系统对村庄景观空间发展的动力作用远远未被激发出来。基于此问题，具体的策略可以从目标、原则、途径几个层面相应展开。

4.3.1　基于系统优化的乡村景观营建目标与原则

乡村景观系统优化的目标是在生境—生产—生活的整体格局延续的基础上，实现各要素功能的拓展、强化与提升，从而实现要素之间的相互支撑与依托。如乡村产业从单一生产功能(经济价值)向生产、旅游功能拓展,从而实现经济价值的强化以及其他价值(美学价值、生态价值、社会文化价值)的互补;乡村聚落由单一居住空间(生活价值)向居住、服务、产业功能拓展,从而实现生活价值的强化、其他价值(美学价值、社会文化价值、经济价值等)的互补。具体原则主要体现在以下三点:

(1)"山林—水系—农田—村落"生态格局的"最小干扰",体现乡村景观的自然演化特征

经过千百年的发展演化和自然环境的不断相互作用,传统村庄"山林—水系—农田—村落"生态格局已经成为大地环境不可分割的一部分。顺应自然演化的结果、尽可能地"最小干扰"是整体模式的基本前提。这包括保护山体、水系的完整性,保留、保护集中的农业园林斑块以及原生植被,延续乡村长期形成的景观格局与乡土生境系统,体现乡村景观的动态演进特征,从而,为维护景观的生态系统平衡,农业生产系统平衡、突出地域的整体景观特色奠定基础。

(2)功能拓展与产业结构调整,实现产业转型与产业链条通畅

功能拓展的意义在于土地的复合、高效利用,从而最大可能地增加农民收入。因此,村域空间的功能拓展同产业结构调整密切相关。具体来说有以下要点:

①农业产业功能拓展:可充分挖掘和利用村域内农、林、牧、副、渔等自然资源,推动农业从过去单一的生产功能向综合化方向发展,从而体现农业三个层次的功能:一是提供农产品的第一生产性;二是保护及维持生态环境平衡;三是作为一种特殊的旅游观光资源[①]。如将乡村农田拓展为农事活动实践基地,不但对村中的生态资源起到培育与保护作用,还生动地展现了乡村的生活形态与乡土氛围,在与乡村的自然景观相互倚托下,可使人们获得更为真实的景观意象以及更为丰富的民风民俗体验。同时,能够以一产为基础,推动二产、三产联动发展,从而延长农村经济产业链条,扩大村民就业渠道。②农村产业结构的拓展:尽量搬迁对生态环境有破坏的企业,鼓励无污染、反映当地特色的农副产品及家庭手工业。将产业结构从农业功能向工、商、旅游功能拓展。③村落空间拓展:将村中心组团植入产业功能,由单一居住空间向居住、服务、产业功能拓展。④自然生境空间:依托乡村自然资源,将自然生境空间单一的生态功能向观光、休闲功能拓展。

(3)完善基础设施建设,为各景观子系统的联动提供设施支撑

功能拓展需要完善的基础设施提供联动支撑。结合地形地貌,完善道路交通等基础设施,串联各功能空间,发挥其联动效应,形成综合产业集群(休闲农业、乡村生活体验、农家乐旅游服务)之间的相互补充、相互促进。

4.3.2　乡村产业转型与拓展的途径与方法

在欧洲一些发达国家,一些传统产业的存在已经远远超越了经济活动的意义,包含了景观、生态保育、文脉传承等多重含义。以农业为例,其发展模式大致有两种:一种是单纯为保

---

① 肖笃宁.景观生态学研究进展[M].长沙:湖南科学技术出版社,1999.

护与储备土地资源、改善环境质量以及营造自然景观而为之的环保型农业;另一种对于农民来说是有经济目的的,农产品通常也进入市场,但政府的补贴要比进口这些农产品的价格还要高。这种农业发展的市场经济在很大程度上已经失去了真正的市场经济本身所具有的含义了[①]。以美国为例,截至 2007 年,美国人口 3 亿,耕地面积 28 亿亩之多,农业人口已降至 2%,农业产值占 GDP 的 1%,每个农场面积数千顷,高机械化,还有政府的大量农业补贴[②]。与这些发达国家相比,我国人多地少,农业经营以家庭小规模为主体。由于国家财力的制约,靠获得较高的经营补贴维护产业的发展是不现实的。因此,总的来看,一方面,我们要将其视为一种景观"资源",实施保护、扶持传统产业的政策;另一方面通过与旅游的结合,拓展、提高产业附加值,使村民通过传统产业的提升获得必要且充分的收益,吸引一部分外出村民回乡,并继承传统的产业、劳作方式与技能,从而推动传统产业的可持续发展。基于此,本书提出"产业景观化"的概念,这是将产业景观纳入乡村景观整体考虑的一种发展策略,它对于传承与维护特色产业文化、产业结构的拓展与提升有着积极的意义。

(1)"产业景观化"的途径

"产业景观化"的主旨在于跳出传统的经济产业的思维,用一种景观的理念来发展传统产业,将产业乃至经营转化为可参与、可体验的景观。在该思路下,产业不仅可以成为乡村中一道美丽的文化风景线,而且能够推动产业结构优化、延伸产业链,大大提高传统农业的经济收益,从而带动传统产业与旅游业的共同发展。其实,产业景观化并不是什么新的概念,中国景观营建的典范古典园林就起源于房前屋后的果木蔬圃。在西方,中世纪带有真实生产性功能的实用庭园是十分流行的造园手法,比如,当时修道院里的庭园就是由实用的蔬菜园和装饰性庭园所共同构成的[③]。因此,可以说"产业景观化"是对生产性景观的一种利用模式。

以油菜花产业为例,在江南很多地区,村民有种植油菜的习惯,油菜原本是作为一种传统的经济作物,随着油菜本身的经济价值变小,村民种植油菜的积极性大减,油菜花的种植规模也变小了。然而如果转变观念,将油菜花田作为一种景观拓展其价值,那么除了油菜本身作为经济作物的价值之外,油菜花也具有了一定的观赏价值以及观光旅游价值,可以美化乡村,甚至带动相关旅游经济的发展与提升,促进农民增收(图 4.7)。例如在云南罗平,由于气候温和,土地肥沃,适宜种植油菜,通过"国际油菜花文化旅游节"发展油菜花农业旅游,极大地带动了乡

图 4.7　供游客观赏的油菜花田

(图片来源:笔者自摄于杭州西溪湿地)

①　胡必亮. 解决"三农"问题路在何方[N]. 南方周末,2003-06-12.

②　曹锦清,徐杰舜.《黄河边的中国》前后的故事——人类学者访谈之四十四[J]. 广西民族大学学报(哲学社会科学版),2007(02):59-66.

③　[日]针之谷钟吉. 西方造园变迁史:从伊甸园到天然公园[M]. 邹洪灿,译. 北京:中国建筑工业出版社,1991:105.

村经济的发展。在以油菜花旅游著称的江西婺源乡村,每逢三月,遍地花海,村庄与花海互为美景,吸引无数游客前来摄影观赏。

又如西湖风景区龙井茶乡的案例①,西湖风景名胜区乡村盛产名扬海内外的西湖龙井茶,是西湖龙井茶原产地的一级保护区域。在整治前的西湖风景区乡村中,除了茶叶外,二、三产业的发展速度并不快,茶农经济收入主要来自于茶叶的生产经营,旅游方式也主要是零星的观光。但由于受区域面积和风景资源保护的限制,龙井茶的产量、产值有限,加之村民的旅游观念相对缺乏,收入水平不高,农村集体经济发展的空间和余地不大。总的来讲,产业发展处于茶产业特色明显、产业单一、产业资源未得到充分有效利用的状态。为改变现状,结合村庄的整治,西湖风景区以"农家茶楼"的形式推进主导产业与旅游业之间的互动,即将茶农种茶、采茶、制茶、卖茶、泡茶和餐饮服务有机结合起来,从而形成并延伸了以"茶文化"产业为主线的产业链,使茶产业与茶旅游业互相促进,大大增加了龙井茶的附加值。除了自身产业链的发展,农家茶楼还促进了与之密切关联的产业发展,如推出作坊加工、商品销售、旅游接待等服务项目,促进农村剩余劳动力的就地消化转移,扩大了农村居民的劳动力就业渠道。在2006年整治之后,村落的产业结构获得极大丰富,茶乡文化特色突出,村民的人均收入明显提高。

(2)"产业景观化"的原则方法

随着乡村建设的蓬勃发展,产业景观已经在许多乡村产业的转型中发挥着积极的推动作用,并有愈演愈烈的趋势。但是如果认识不清或缺乏管理,也很容易走入"造景"的弊端,使乡村旅游发展偏离方向。如随着乡村旅游的展开,各地兴起的依赖门票收入的所谓农业主体公园,实则缺乏乡村环境、乡村真实生活的依托,已经被许多游客所抵触,其维持也必然缺乏长久的生命力。基于这些误区,归纳总结产业景观要素在国内外的建设与实践经验,"产业景观化"需要遵循以下原则方法。:

① 因地制宜:一方水土养一方人,一方水土也确定了不同的产业类型。产业景观化首先应立足于"本土"特色产业,是对现有资源的挖掘,并不是基于"拿来主义"的模仿和生硬的造景。也就是说,对生产性景观的利用必须有助于人们对本土自然以及大地的理解。如在浙江省,水稻、桑基鱼塘、茶产业、竹产业以及渔业等均是极富特色的产业类型,选择本土的、适宜的产业是反映地域特色、强化本土特征的需要。

② 可观赏性:可观赏性的景观是指在视觉与心理上均给人们带来愉悦的、美好印象的景观,它包括乡村产业成果、生产过程、经营过程的可观赏性,是产业景观化的基本要求。在乡村,开阔的农田,整洁、干净的产业环境都是符合人们审美要求的景观。而杂乱、肮脏的乡村产业环境则不会引起人们的兴趣,也吸引不了游客的停留与消费。因此,乡村产业景观化的实现以可观赏性为基础。同时,注重农业景观的季相性,注意植被在不同时节的互补性,也是提高可观赏性的有效途径。

③ 可体验性:在产业旅游业联动的基础上,充分赋予景观的多元内涵,使游客对乡村产业景观的欣赏不仅仅停留在视觉层面,且能通过增加景观游赏的可参与性、可体验性,如农业景观增加参与农事活动、农作物采摘,养殖业增加垂钓活动等(图4.8),能够充分开发产业景观的

---

① 孙喆. 西湖风景名胜区新农村建设的实践与思考[J]. 中国园林,2007(09):39-45.

潜力,提升其吸引力与旅游价值。

④ 以一定的规模为基础:当前乡村由于个体经营占主体,因此土地分散、规模较小,并不利于旅游业的展开。乡村产业的景观化需要以联合经营为核心,以一定的量来实现特色的彰显与"规模效应",从而实现综合利用产业景观资源,发挥最佳经济效益。

⑤ 社区参与:社区参与是指产业的有机传承与发展建立在社区"生活"的基础之上,即该产业的发展是诸多农民日常生活的一部分,而不是单纯依靠旅游或门票收入的游乐区。社区参与不仅是乡村景观实现乡村性的要求,也是村民共享旅游收益的保证。要实现该要点,

图4.8　水果采摘体验
(图片来源:笔者自摄于杭州五常)

实现较多村民的参与,维持特色产业的产销是关键。在此模式下,旅游业不再是单一的生产形式,而是成为优化原有产业结构、提升村民经济收入、传承产业文化的有效途径。

4.4　技术方法的实践应用

4.4.1　整体优化案例:黄岗村村庄规划实践①

常山黄岗村是个典型的浙南山地丘陵型乡村,全村约1 100人(2012年)。村庄山清水秀、生态资源丰富,有国家级森林公园——黄岗山、乌鹰坞水库、黄岗瀑布等,环境优势十分突出。村域内耕地较少,自然资源主要是以林地为主,有柑橘、胡柚、茶叶、竹笋等经济作物,以及杉木、毛竹、松树和其他园圃苗木等,外出劳务、苗木种植、蚕桑养殖、茶叶种植是全村农民的主要收入来源。由于自然环境优美,黄岗村已经吸引了不少游客,乡村的农家乐餐饮也得到了初步的发展(图4.9)。但是总的来看,村庄发展受以下问题制约:基础设施薄弱;村民自发进行农家乐建设,但是较为随意,存在对自然生态的破坏现象;目前黄岗村乡村旅游已经初步发展,但是仅停留于农家特色餐饮,产业资源的潜力尚未得到充分挖掘,产业关联弱,缺乏互动整合。基于此,黄岗村村庄规划的要点如下:

(1)"村落—农田—山林"生态格局的脉络延续

黄岗村是典型的山地丘陵型乡村,农田与村落位于较为平坦之处,交通便捷,农田环绕村落,山林环绕农田,形成生活、生态、生产紧密结合的"村落—农田—山林"田园风貌。规划首先尊重黄岗村的村落—农田—山林之间的宏观格局,保护山体、水系的完整性,保留、保护集中的农业园林斑块以及原生植被,延续黄岗村长期形成的景观格局与乡土生境系统,从而为维护黄岗村景观的生态系统平衡、农业生产系统平衡,突出地域的整体景观特色奠定基础。

---

① 案例来源:课题组.黄岗村乡村规划.2012.

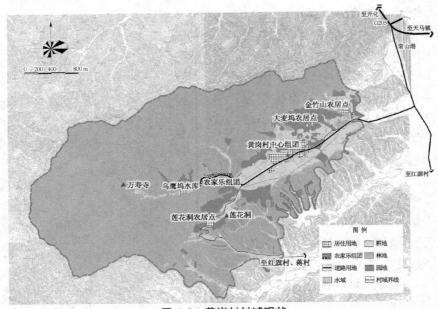

图 4.9　黄岗村村域现状

（图片来源：课题组）

（2）功能拓展与产业结构完善

黄岗村拥有良好的景观资源基础，村民也对发展旅游、提升经济有着迫切的期待。因此，规划在生态格局的脉络延续下，将继续结合村庄这些优势地方条件，因地制宜，科学引导村域空间的功能拓展与产业结构完善。结合黄岗村产业的发展方向，我们最后确定了"一轴四片"的总体结构（图 4.10）。

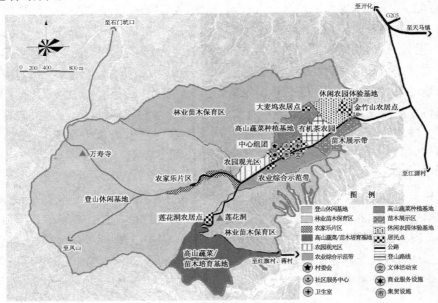

图 4.10　黄岗村村域规划

（图片来源：课题组）

"一轴"——产业引导主轴线：以黄岗村入村公路及沿路水系为生态发展的复合轴线，串联农业示范带、核心村居组团和农家乐休闲组团，成为村域经济社会发展的重要引导轴线。

"四片"——北部、南部生态育林区、西部森林休闲体验区、中部农业综合示范区。北部、南部生态育林区是指黄岗村村庄南北两侧的自然山体区域，被用来作为村域范围内林业作物和高山蔬菜作物的培育片区；西部森林休闲体验区是指以黄岗山国家森林公园为依托，以现有的人文景观资源和农家乐服务产业为特色，结合观景、饮食、登山、度假等功能的综合休闲体验片区；中部农业综合示范区则是指以黄岗溪和入村公路两侧的基本农田及园地为基础发展特色农业，开展农业观光、农事体验、农产品手工加工、农作物采摘等活动的综合农业示范区域。

在"一轴四片"的总体结构下，完善基础交通设施，根据村民以及游客的出行路线，精心设计全村的空间序列。黄岗村自205国道长风大坝入口而入，沿途通过"入景""乐农""游村""闲居""隐山"五个重要的结构段落的整合，串联起黄岗村生活、生产、生境的发展。

"入景"——这一段落始于205国道与常文线交叉口，至黄岗村村界入口，是由外部向村域内部的过渡区域。近村入景，山势渐开，乡土气息渐浓。同时，常山港与黄岗山余脉分置道路两旁，周边桥梁、建筑点缀其中，景观风貌较为开阔，为进入村庄埋下伏笔。

"乐农"——这一段落自黄岗村村界至村落入口，以入村公路两侧农田为依托，作为参与式农事活动的实践基地，也是展示黄岗农业发展的示范带。游客不仅参与耕作，同时也分季节、分阶段参与作物培育、采摘、作物初加工等环节，真正体验传统农耕生活。该段落主要布置特色作物耕作区域，展现田垄景观风貌。

"游村"——以黄岗村聚落为核心，依托村庄内的自然人文遗存和集中完善的公共服务设施，吸引游客前往参观游览，并适时配合文体休闲活动的开展，成为联系农家乐和农事活动的枢纽地区。

"闲居"——以现有的农家乐产业为依托，利用当地丰富的物产资源和优良的居住环境，开展特色饮食、背包住宿、商业会务等活动，使之成为黄岗村产业深层发展的核心价值所在。

"隐山"——以黄岗山森林公园为基础，拥山入怀，融入无边翠色。同时，通过基础设施建设，适时发展养生疗养、登山探险、素质拓展、访古游览等活动内容，进一步做大做细生态旅游、生态服务产业。

综上，在黄岗村，我们通过对资源的挖掘，从村域整体层面建立了系统发展框架。通过将第一产业即农耕产业转化为景观资源，推动第二产业如农产品初加工，第三产业如农产品销售、农耕体验、餐饮服务业等的发展，村庄实现了三产之间互相的渗透和拉动，产业链得以充分延伸，乡村村域的空间结构得以整体优化。

4.4.2　局部优化案例：砚瓦山村"石头公园"规划实践①

常山县砚瓦山村坐落于浙西南山区，是著名的"浙江花石之乡"。村庄群山环抱，有良好的交通以及地理位置，48省道由北往南穿村而过，为村庄的发展建设创造了较好的外部条件。村内石资源丰富，已有几百年的采石历史，明朝"西砚"即取材于此。20世纪90年代，

---

① 案例来源：课题组.砚瓦山村乡村规划.2012.

砚瓦山村的石头产业起步于村民的自发行为,当时几个村民办起了花石加工厂,依托花石资源拓展了市场,掘到了"无中生有"的第一桶金,从而带领更多村民投入花石产业。1998年在政府的推动下,砚瓦山村建立了华东首家的花石市场,还组建了挖、采、运、加工、销售一条龙的专业队伍,为石头经济的发展奠定了坚实的基础。依托丰富的石头资源,村内已经有八成村民从事花石经营产业,经济获得了迅速发展,成为常山的"首富村"。

在美丽乡村大背景的指引下,村"两委"试图大力推进具有石文化特色的美丽乡村建设,积极推动经济产业转型。而现实中,砚瓦山村村中的石头随机堆放,自发经营的场地呈混乱状态,未能将之纳入景观系统进行整体的考虑(图4.11)。对此,我们提出了如下的规划思路:采用"产业公园"模式,将"石头堆场"转化为集体验、经营一体的"石头公园"(图4.12～图4.14)。具体做法是将石头市场的用地划分成一个个较小的地块单元,以可展示、可体验的"石头公园"的模式,实现第一产业(石料开采)、第二产业(简单石料加工)向第三产业(石材展销、盆景制作、创意产业、餐饮服务、石趣体验)转变,从而促进石头文化、创意、休闲产业的发展,更有效地实现了三产之间的联动。

图4.11　砚瓦山村石头市场现状:随机的石头堆场　　图4.12　砚瓦山村石头公园(市场)规划总平面

(图片来源:课题组)

图4.13　砚瓦山村石头公园示意图一　　　　图4.14　砚瓦山村石头公园示意图二

(图片来源:课题组)

4.5　本章小结

　　整体视角下乡村景观营建的内容应包括系统层级的整体性、要素的关联性以及演进的动态性三个部分。本章首先将产业纳入景观营建的范畴,从村域、村落、宅院三个层级对整体营建的要素进行了具体分析;其次通过分析村庄景观的现状问题,探讨体现内容系统性的技术方法,包括基于系统优化的乡村景观营建目标与原则以及产业转型拓展之下"产业景观化"的营建途径与方法;最后结合具体实例对以上技术方法加以验证。

5 乡村景观营建过程的控制性

乡村景观的整体营建过程主要探讨乡村建设的实施程序,因此,包含了营建主体、价值目标、营建机制及过程控制等问题。传统的乡村景观是村民们自主营建,为了生存的目标,在社会发展过程中"自然演进"形成的结果,这种"自下而上"营建过程的原理是出自于村民自组织之下自然选择(如风水禁忌、经济、便利)的机制,系统会自动淘汰不适应的景观,留下适应生产、生活需求的景观。景观就在这一过程中得以逐渐改进、提升。而如今,城市化背景下的乡村建设进入了一个前所未有的快速发展时期,缺乏控制的乡村营建,消失的自然与文化遗产,破碎的山水格局,规划实施过程中的冲突与挫折,给乡村景观在主体上、价值目标上、机制上带来了前所未有的混乱、模糊、无序与无根的尴尬。

现实证明,作为一个复杂系统,单纯依靠村民的"自下而上"的自组织发展或"自上而下"的政府主导营建,已经难以保持当下乡村景观系统的健康平衡,需要景观规划设计作为他组织的介入,同自组织一起协同进行景观的调控。因此,包含了使用者、设计者和管理者的"营建共同体",结合了"自上而下+自下而上"的机制,通过两者的互动实现"导控+地方自治"成为营建的主要过程方法。基于以上思考,本章依托控制论原理,对乡村景观营建过程的控制体系进行组织建构,探讨乡村景观营建所依托的价值目标和该目标下的影响要素,以及如何进行整体的营建过程组织。

5.1 乡村景观整体营建的价值目标

价值目标确定是控制系统良性健康发展的基础。乡村景观营建的目标一方面通过其价值标准体现出来,另一方面乡村景观的价值取向又是随着人们的认识不断发展的。因此,我们有必要对乡村景观的价值评价进行客观的梳理,并由此明确乡村景观营建的价值目标体系。

5.1.1 乡村景观价值评价

1) 景观价值评价

从 20 世纪 60 年代以来,人们就发现由于缺乏价值的衡量标准,景观并不能有效地得以保护,许多风景资源同其他资源一样遭到日益严重的破坏。这刺激了多学科对景观美学评价的研究,也恰恰为景观的进一步理解提供了科学的依据。在众多的景观评价学派中,目前较为公认的有四大学派:专家学派(Expert Paradigm)、心理物理学派(Psychophysical Paradigm)、认知学派(Cognitive Paradigm)和经验学派(Experiential Paradigm)。现分别阐述其思想如下[①]。

---

① 俞孔坚.论风景美学质量评价的认知学派[J].中国园林,1988(1):16-19.

专家学派：以 Litton 为代表，主张以形式美的原则来衡量风景的美学质量。具体方法从分析形体、线条、色彩和质地着手，用多样性、奇特性、统一性等形式美原则来进行风景美学质量的等级划分。

心理物理学派：以 Daniel、Boster and Buhyoff 等人为代表。把风景与风景审美的关系理解为"刺激—反应"的关系，把心理物理学的检测方法应用到风景美学质量评价中来。先通过测量公众对风景的普遍审美态度，得到反映风景美学质量的"美景度量表"，再将该测量表与各风景构成成分之间建立关系模型。

认知学派：又称心理学派（Psychological paradigm）或行为学派（Behavioral paradigm）。包括英国地理学者 Appleton 的"瞭望—庇护"理论和美国心理学者 Kaplan 的"环境评判模型"等。它以进化论思想为指导，从人的生存需要和功能需要出发来评价景观。把风景作为人的生活空间、认识空间，力图从整体上（用维量分析方法）而不是具体构成要素上去分析风景。认为"可解性"（Making sense）和"可索性"（Involvement）是评价景观的重要参量，前者反映了人对于景观安全的需求，后者反映了人对于景观探索与启发的需求，或者说某种可参与性的需求。

经验学派：以美国地理学者 Lowenthal 等为代表。强调人本身在决定风景美学质量时的绝对作用。它把景观审美完全看作是人的个性、文化、历史背景及志向与情趣的表现。经验学派的研究方法是用考证的途径，强调历史与文脉，并不把客观风景本身作为研究对象。

以上四大学派的观点较为全面地给出了景观评价的思想与方法，也给我们辨别景观价值提供了基础依据。综合以上研究，景观价值的高低，从"视觉上的形式审美"，扩展到"主体感知""主体的心理行为需求""可参与性""历史与文脉"等多重价值标准。

2）国内乡村景观价值评价

在城市化、全球化和工业化所带来的压力、污染、文化趋同、特色危机等诸多负面影响下，相对于城市，乡村景观的价值越发被人们发现并得到重视。在乡村景观评价方面，刘滨谊与王云才提出乡土景观是可以开发利用的综合资源，具有效用、功能、美学、娱乐和生态五大价值属性，包括乡村聚落景观、生产性景观和自然生态景观；并提出了以人居环境为导向的"五度"乡村景观评价指标体系，即乡村景观可居度、可达度、景观相容度、敏感度、美景度，从而把乡村景观评价体系分为 5 个层次 21 个指标[①]；谢花林与刘黎明从景观生态学的角度，定义乡村景观为乡村地域范围内不同土地单元镶嵌而成的嵌块体；构建了乡村景观评价体系，分为社会效应、生态质量和美学效果 3 个层次 31 个指标[②]。

5.1.2 乡村景观的价值目标体系

不论是国外对景观价值的评价，还是我国对乡村景观的评价研究，总体来看，都集中在对生态价值、使用价值、经济价值、历史文化传承价值和审美价值的解释。笔者认为，对于乡村而言，乡村景观的审美价值主要体现在景观的自然之美与人文之美给欣赏者带来的良好

① 刘滨谊,王云才. 论中国乡村景观评价的理论基础与指标体系[J]. 中国园林,2002(05):76-79.
② 谢花林,刘黎明,赵英伟. 乡村景观评价指标体系与评价方法研究[J]. 农业现代化研究,2003(3):95-98.

视觉感受。从该意义上说审美价值并不只是视觉上的形式审美,而是乡村景观其他价值即生态价值、使用价值、经济价值和历史文化传承价值的综合外在体现。因此,后面的几个价值更为本质,正是它们构成了乡村景观的价值目标体系(图 5.1)。

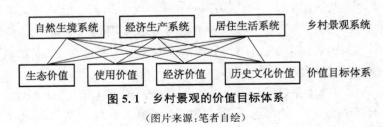

图 5.1　乡村景观的价值目标体系

(图片来源:笔者自绘)

在以上价值目标基础上,结合前文所述的既有评价指标体系,笔者归纳的乡村景观的价值目标评价细则如表 5.1 所示。

表 5.1　乡村景观的价值目标评价细则

价值目标	目标细则	评价指标
生态价值	环境的生态安全	地形地貌、山体、水系、绿地的完整性; 土壤、水体、空气、环境卫生的生态安全
	景观多样性	植被、农作物的稳定性与多样性;景观类型的多样性
使用价值	日常居住	居住类型多样性
	公共服务	商业、文化、体育、医疗、教育等设施配置; 开放空间(街巷、广场、公园等)设置; 村民参与公共事务程度
	交通设施	公共交通、慢行交通配置
	基础设施	市政设施(水、电、燃气等)配置; 环境卫生(污水、垃圾处理)质量
经济价值	农业生产	对资源的集约高效利用
	工业生产	对资源的合理再加工
	休闲旅游产业	旅游、休闲、健身、养生等开发程度
	文化娱乐产业	工艺品生产、娱乐设施等的开发程度
历史文化价值	非物质文化的传承	历史名人;地方传统活动(集会、节庆);地方习俗(如红白喜事)
	物质文化的传承	乡村格局、街巷肌理、院落构成;建筑特色、历史古迹的保护与传承; 现存地方文化特色(如产业、手工业、饮食、植被等)

(表格来源:笔者自绘)

乡村景观的价值目标是多元的,值得重视的是,不同类型的乡村其发展目标都会有所不同,这是由乡村自身的条件、特征、优势所决定的,也是由营建主体的选择来决定的,对目标的判断、选择会影响到乡村景观营建的定位以及采用的具体策略方法。

5.1.3 乡村景观价值目标的影响机理

景观的价值目标是乡村景观营建控制的基础。以上目标的实现受主体要素和客体要素的影响。其中主体要素是指相关的利益主体,客体要素则是从自然要素和人文要素的角度出发,包括了自然生境系统、经济生产系统和居住生活系统。总的来看,乡村景观是在以上要素的综合作用之下所呈现出的各种力的叠加结果(图 5.2)。

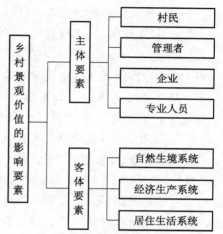

图 5.2 乡村景观价值的影响要素

(图片来源:笔者自绘)

1) 主体要素

乡村建设的先行者欧宁指出,从我国近十年来新农村建设的相关实践与探索可以看出,乡村建设的空间有多大,有时并不依靠设计师自己的想象力,反而更取决于同村民、政治、资本之间的微妙关系;而村民对乡村建设的理解,大多不在"美丽如画"上,而是更多地从实利出发,如果不能够带来实利,不能获得村民的认同,也难以实现真正的乡村建设[1]。总体来看,乡村景观发展受管理者、村民、企业、专业人员等主体要素的影响(图 5.3)。

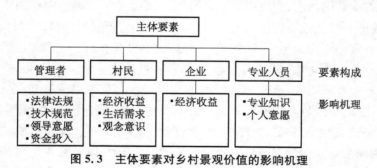

图 5.3 主体要素对乡村景观价值的影响机理

(图片来源:笔者自绘)

这些主体要素对乡村景观的影响机理如下:

管理者意对景观的影响:管理者包含了各级政府如国家及省、自治区、直辖市等,相关职能部门如土地、水利、旅游、生态保护机构等,是乡村景观的主要调控者、协调者。管理者层面对景观的影响途径主要有颁布法律法规、制定相关建设技术规范、筹措资金投入、开展基础设施建设、组织管理乡村规划、选择规划编制单位等。影响管理者景观决策的动力原因主要为景观资源保护、部门利益、经济收益、政绩以及个人偏好等。如为保护区域中的自然资源和历史人文资源,各级政府和管理部门颁布了一系列强制性的政策条文,具体如上位规划、国家政策规范等(包括民居建设相关政策规定、基本农田保护、历史遗产保护等),由政府

---

① 欧宁. 乡村建设的中国难题[J]. 新周刊,2012,383(11):86-92.

组织相关技术人员编制完成。此外,管理者还通过资金投入、政策倾斜、基础设施建设等调控,推进乡村景观建设。

村民意愿对景观的影响:村民对乡村景观的影响体现在,一方面,村民对景观的诉求往往是实用、理性的,经济收益、生活改善的需求是影响其决策与行为的主要动力。在调研中我们发现,通过乡村的建设来提高经济收入、改善生活水平是当前许多村民的迫切希望。村民的意识与价值观念推动或制约着景观的发展,随着现代化、旅游业的发展、信息的传播以及游客的进入,外来文化逐渐渗透到村民的行为和乡村建设中。鉴于村民有限的专业知识和审美能力,由于外来文明似乎代表着"现代、先进",从而对村民产生强大的吸引力,人们的思想观念、生活方式、社会交往方式无不受其影响。反映在乡村建设中,其表现为村民对外来西方或城市住宅、城市空间结构的建设模式与风格的选择模仿,使乡村景观整体呈现"去乡村化"的趋势。然而,"由于对形式的原本意义的无知和专门技术的缺乏,农民的翻版同原型之间的差距是显著的",但"人们本来也并不关心某一形式的初始内涵,大家更感兴趣的是这一形式在农村情境中的象征意义"①。而另一方面,村民的诉求能够实现景观与生活需求的真实对应,从而强化景观地方特色,实现景观多样性,实现景观的村民认同,从而有利于规划的顺利实施。而一些不能体现社会公平、不能使村民实实在在得到好处的乡村建设,会引起村民的强烈抵触。规划往往难以实行而仅流于纸面。

因此,乡村的建设能否尊重当地人的生活和文化,满足在现代生活方式变化下人们对物质空间以及精神生活的需求,积极引导、扬长避短,延续村民在建造中作为主导者的文化传统,是乡村景观能否长久地焕发吸引力与生命力的关键。反观目前许多乡村的建设案例,资本、管理者、设计者的意志仍占主导,村民主体还停留在"象征性参与"的层面,村民意愿的表达依然处于利益分配的边缘,仅仅能称得上景观的"被动接受者"。

企业意愿对景观的影响:企业包含了农业、工业、旅游业等多种类型,有村民自办,也有外来资本与村集体合作,以及外来资本独资投资。它们通过自营、购买、租赁等途径,以乡村资源的开发与经营获益为目标。对于企业,经济收益的最大化往往是影响其决策与行为的主要动力,也影响着景观的发展方向。在浙江省,自下而上、以家庭为主体的民营企业十分发达。尤其是近些年随着乡村旅游的发展,旅游企业在乡村景观的发展中成为越来越重要的动力因素。例如,旅游企业以资金输入的形式获得乡村旅游资源使用权,其介入可以发挥正面作用,开拓性地带动乡村景观整治和传统文化的保护,积极拉动经济发展。而在没有制约的情况之下,以经济盈利为目标的旅游企业大多忽视过度开发引发的商业化、拥挤、环境污染、噪音干扰等负面影响,并试图逃避包括生态价值以及与村民利益分享的相关责任思考。

专业人员意愿对景观的影响:专业人员指乡村建设中的规划、建筑、景观等设计人员。专业人员通过自身的专业知识、视野以及技术优势,形成自身的专业追求与社会责任,通过编制乡村规划建设来影响乡村景观。作为专业先进知识的代表,专业人员有责任通过专业理论的传播,为政府的决策选择提供建议,同时,也引导企业、村民的价值观念和行为方式。

---

① 娄永琪. 系统与生活世界理论视点下的长三角农村居住形态[J]. 城市规划学刊,2005(5):28-33.

与城市小区不同,村民是乡村景观的使用者,又是营建者,因此,要采用与城市小区建设不同的方法来对待乡村。而在当前市场经济的大背景之下,建设量之大与速度之快,深刻地影响着专业设计人员的工作方法。大多数设计人员将城市的建设模式搬进来,以专业知识自上层介入,追求物质形体的视觉美化方法;有的甚至为讲求效率,未作深入的调研与分析,就直接进行设计,将景观建设等同于技术指标规划。还有少数专业人员,在利益驱动之下,无视自身的社会职责,无视公共利益,充当管理者、投资者个人意志的代言人。如此之下的建设,其结果与可实施性可想而知。

　　2) 客体要素

　　客体要素主要包括了自然生境系统、经济生产系统和居住生活系统,它们既是乡村景观的构成要素,也是乡村景观的影响要素,因此也可以称之为景观的变量(图5.4)。

　　自然生境要素:自然生境要素在乡村景观中是相对最稳定的变量,包括地形地貌、土壤、水文、气候、动植物、矿产等要素,构成了整个乡村生活的背景和基础。

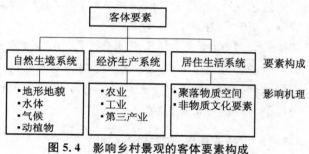

图5.4　影响乡村景观的客体要素构成

(图片来源:笔者自绘)

千百年来,从村庄的选址布局,到民居的空间模式与风貌,均体现了人与自然的相互依存,充分地反映出人们巧妙利用自然生态规律的智慧,也同时赋予了不同地域的乡村景观鲜明的地域特征。如今随着技术的进步,人们已经从被动地适应变为主动地改造与控制这些要素以满足生活发展的需要。把握不同的自然生态要素对乡村景观作用机理,是乡村景观营建的依据。

　　经济生产要素:经济生产景观主要包括农业、工业和第三产业等要素。具体到不同类型产业的生产活动,其构成上又可分为生产工具、土地利用方式(如梯田)以及生产成果(如蔬菜)等要素。乡村的经济生产活动主要受地方自然生境要素的影响,同时对于某个特定的乡村来说,经济产业系统中三种产业的发展状态以及产业之间的相互关联表征了地方特有的经济结构,也衍生出地方特有的生产文化和生活方式,从而在乡村景观中综合呈现出来。

　　居住生活要素:居住生活要素分为村落物质空间要素和非物质文化要素两部分。村落物质空间要素是村落生活的物质载体,指向村落的整体(乡村格局、街巷肌理、院落构成)以及建筑单体(形体空间、色彩质感、细部构成)等空间场所;非物质文化要素包括地方习俗、民间艺术、乡村历史、名人等。随着时代的发展,一些优秀的传统习俗、民间艺术如何继续进行继承和发扬,值得人们思考。

5.2　整体视野下的营建过程解析

　　乡村景观的最终形成,受主观及客观方面多因素的影响,对这些因素的全面、综合认知是乡村景观营建的基础。在认知基础上,整体地考虑以上各影响要素的综合作用力,对之进行管理、调控、引导,使之沿着自己的既定目标前进,就是控制过程的形成。从系统控制论的角度来说,"人们根据自己的目的,改变条件使事物沿着可能性空间内某种确定的方向发展,就形成控制。控制,归根结底,是一个在事物可能性空间中进行有方向的选择的过程"①。当然,不同主体的目标导向不同,必须在营建过程中将这些目标统一起来。

控制论告诉我们,在目标、主体明确的基础上,要实现景观营建的过程控制,至少需要通过以下环节来具体实现,即信息采集—信息分析与处理—方案提出—信息反馈—成果输出。其中,信息反馈是保证我们有效改善相关要素的功能或发展的关键机制。很多时候乡村营建中出现的问题是因为我们不能实现有效的控制,而不能有效控制是因为没有获得足够的影响要素信息。比如,专业技术人员是否能及时获得乡村自身状态、村民、管理者,尤其是村民的信息反馈,如能否获得村民认同,调动村民积极性,并将之重新纳入营建的机制之中,是控制落实的关键。

一般而言,作为乡村营建的全过程,会经过规划设计—建设实施—使用管理几个阶段,每个阶段都会经过上述一个循环反馈的整体过程,而每个阶段都要为下一阶段预留空间,如规划设计阶段要考虑到下一步的具体实施而预留村民自建的部分。在此,我们就规划设计的控制过程进行重点探讨。

5.2.1　传统营建过程的案例解读

大竹园村位于上墅乡北部,东邻天荒坪镇白水湾村,南与刘家塘村接壤,西与孝丰镇交界,北与灵峰景区相连。大竹园村属半山区,平均海拔 47 m,该村主要受亚热带季风气候控制,年平均气温 13.2 ℃,平均降水量 1 580 mm。龙王溪由南至北流经村域。大竹园村域都在环灵峰景区规划区范围内,规划用地性质以旅游休闲用地为主。下面我们以2009 年安吉县上墅乡大竹园村第一轮的村庄规划为例,对当下的营建过程进行案例解读②。

1)目标的确定

大竹园村第一轮的规划从一开始就确定了村庄规划的目标[规划期末人均收入达到2.6 万元(经济收入增长率近期按 10%计算,远期按 8%计算),村民生活富裕,村级经济发达,村庄环境优美,配套设施完善,村民生活幸福的社会主义新农村],主要是由决策者从经济发展角度提出,发展定位也比较笼统。

2)基础资料的收集

基础资料的收集在文字上包括了上位规划、村庄人口规模、区位、气候、现状资源、市政公用设施等。反映到图纸上,在村域范围收集了道路、水域、村庄建设用地的资料。在村落范围收集了土地利用现状;在建筑层面收集了建筑质量的现状资料。在基础资料的收集中并未针对村民的实际生活现状,发展意愿进行深入调查。在土地利用现状中,在产业方面除了农田并未对文字中所提及的竹林、茶园、果园等概况进行进一步的调查(表 5.2)。

---

① 金观涛,华国凡.控制论与科学方法论[M].北京:新星出版社,2005:7.
② 安吉县城乡规划设计院.安吉县上墅乡大竹园村村庄规划.2009.

表 5.2 大竹园村村庄规划基础资料收集

上位规划相关要求	安吉县上墅乡总体规划:确定大竹园村为生态保护区,规划结合龙王溪、生态竹林、生态农田建成以自然观光为主的生态农业观光区,并适当引进度假村项目
	村庄布点规划:保留所有民居点
	环灵峰山度假休闲区概念性规划:提出村域内规划用地性质以旅游休闲用地为主

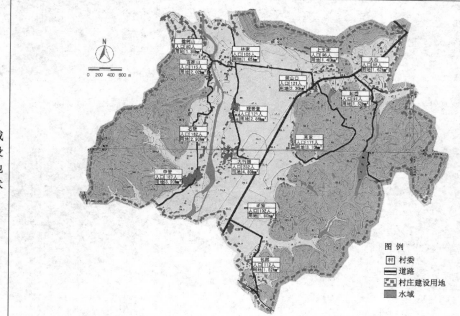

村域建设用地现状	

中心区块建设现状	土地利用现状	建筑质量现状

(表格来源:课题组)

3) 规划方案的提出

该规划仅提出了一个解决方案,分村域、中心点两个层次。在村域范围,进行了结合休闲度假的产业布局规划;在具体的中心点(村落)规划设计中,将建筑质量较好的加以保留,在道路规划的基础上,将用地分为几个大小不同的组团,除保留的建筑部分,民居基本上以排列的方式布局。同时,方案对滨水空间进行了一定考虑,预留场地作为滨水公共绿地(图 5.5)。

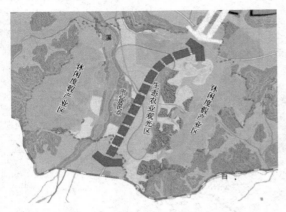

大竹园村村域产业布局规划

大竹园村中心居民点规划总平面图

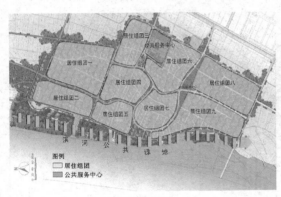

规划结构图

绿化景观规划

图 5.5　大竹园村村庄规划方案

(图片来源:课题组)

5.2.2　传统营建过程存在的问题

　　大竹园乡村规划主要由规划建筑设计人员主持,该规划编制的思路还是比较传统的,设计重点放在以城市规划学、建筑学为主导的物质环境规划上,工作方法沿袭了城市规划的模式,自上而下进行,是一种较典型的"线性"规划流程(图 5.6),缺乏对乡村景观与城市景观的差异性、地方性特征的思考,缺乏充分的村民参与和反馈。规划固然满足了一些基本的小区居住要求,但是从价值目标上来看,除了使用价值之外,村庄的其他价值没有得到提升,并未综合全面考虑生态、经济、历史文化等景观价值。

　　该模式存在的具体问题包括:

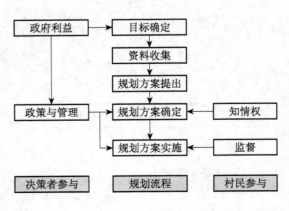

图 5.6　传统营建过程流程图

(图片来源:马灵燕.乡村空间资源化视角下的乡村规划
设计探索[D].杭州:浙江大学,2012.)

（1）规划目标的模糊性

"生产发展、生活宽裕、乡风文明、村容整洁、管理民主"，这既是中央对新农村建设的要求，也是乡村建设的总体目标，但该方针属于较为笼统的大框架。相比之下，村民对乡村的发展目标有着具体而实在的需求，是实施目标深化与细化的依据。但在线性的营建过程中，乡村景观的目标主要由管理者确定，规划目标多通过上层规划的解读（如县域总体规划、村庄布点规划等对村庄发展目标与愿景的定位）得出。实际上，这些目标仍是宏观、模糊的，缺乏对村民的实际需求和村庄特色具体而充分的了解。如此成果基本上就是管理者的意图，村民仅仅在方案确定之后才被"告知"，即仅享有"知情权"，因此规划结果并不能代表民意，因此也不能打动村民。

（2）信息采集与输入阶段：缺乏对主客体信息、村民生活的深入调查

在信息库采集与建立的过程中，如何有效地获得信息，是管理者和专业人员的重要任务，也是规划编制科学、合理、可操作性高的保证。相对于城市的某个特定小区，乡村村域范围较大，聚落的布局较为分散，居住情况也差异较大，因此，采集信息的工作量就非常大。在有限的经费和时间限制之下，专业人员只好粗略地勘探，相关的一些现场调查、政府部门的访谈等也往往简化进行。村民调查多由政府部门组织问卷发放，一些基础情况通过县志、乡志等相关资料获得，或是通过电话对政府部门的访谈等。在对村民的问卷中，问题多集中在建筑物质空间方面，而建设位置、产业、植被选用等信息常被忽略。总的来看，前期的信息采集工作未得到应有的重视，村民的生活需求未得到深入的了解，甚至有些村庄根本不做信息的采集工作就开始绘制理想蓝图。如此工作方法缺乏深入的调查作为依据，规划成果根本不具可操作性，也必然仅限于纸上规划。

（3）方案提出阶段：缺乏多方案可能性比较，缺乏对利益分配的考虑

方案提出阶段是整个过程的中间环节，主要由专业设计人员在前述信息采集的基础上，针对现状问题进行分析并提出与价值目标相应的可能性方案。在传统的模式中，设计人员往往仅提供一个方案同管理者进行讨论，缺乏多方案可能性的对比，另一方面专业人员少有对方案所能实现的价值进行分析说明，对规划方案可能导致的随后的利益分配也从不作考虑，从而难以给管理者提供更好的决策建议。

（4）论证阶段：缺乏论证的开放性、透明性

由于该阶段主要同管理者、村镇领导交流，因此其结果可想而知，反映的大多还是管理者的意愿和利益，因此可操作性很差。

（5）规划成果确定阶段：村民参与不足

在传统的规划过程中，村民对规划成果享有知情权，规划成果会以模型、图纸的形式加以公示，以征求民意。但鉴于村民自身的素养，村民大多对图纸走马观花，看看自家的房子有多大，其他则并不关心也看不懂，因此，所谓的参与仅停留在表面。由于结果与需求背离，导致实施困难，以及在建成后村民的违章改建屡禁不止。

5.2.3　整体视野下的营建过程转型

1）营建主体角色定位

乡村景观的营建过程应是一个包含了使用者、管理者、设计者以及其他相关者的开放体

系,在该体系下,大家通过讨论、协商、平衡来共同评价与决策景观的价值,而不是仅仅由村民自发或是专家体系来决定。这是一个包含了自上而下和自下而上的、能够"循环反馈"的体系,是一个不同利益平衡的过程,因此能够较全面地关注生态、经济和社会问题。正是在这种背景之下,学者王冬提出了"村落建造共同体"的概念,即乡村聚落中以村民为主体、社会多方面参与的、有关人居环境、基础设施、公共服务设施、住屋营造方面的人的聚合体、合作组织及其相关行动①。"建造共同体"的任务,就是站在村民的立场上,设计者、管理者、建造者努力用"当地人的观点",以一种引导而不是主导的方式,让村民参与规划、设计、建造的各过程②。这其中,非常重要的环节就是营建主体的角色定位。而从既有案例营建过程中存在的一些问题来看,各主体不管是村民、管理者、企业还是专业人员,其角色都应有所转换,得到重新的定位。

村民:"被动接受者"转换为"建设主人翁"

乡村村落生活景观充满活力、多样性、创造性是乡村景观价值的最大体现,作为村落长久的使用者与创造者,村民是乡村景观真正的主体。当下乡村的社会结构逐渐发生了变化,如在人口组成上增加了旅游者、因旅游发展而衍生的外来务工者以及以乡村作为第二居所的城里人。乡村景观的利益主体日渐多元化,主要可分为管理者、投资者、游客、村民等,那么景观该为谁服务? 谁的利益更重要? 其实这一问题的答案毋庸置疑,因为虽然乡村中的居住者日渐多元化,但我们不难看出,乡村真正的主体还是长久居住于此的村民。

既然村民是乡村真正的主体,那么乡村景观的营建需要以一种人文、日常生活的视角,更多地思考当地村民的文化与生活需求,而并不以自我意志的实现及标志性、新奇性的视觉景观为追求。我们应该认识到村民的要求源自于其长期生产生活中非常实在的要求和感受,蕴含着哲理与合理性,设计者、管理者应该正视并尊重这些需求。村民应被赋予全过程的参与与决策权力,从景观的被动接受者转换成为景观的主要营建者。

目前实现村民参与的最大问题在于参与的有效性。如前文对营建过程的分析,村民对景观的参与仅停留在简单的公示、展评层面,这仅是一种象征性的参与。还有一些政府主导的乡村建设,由政府出资出力帮村民建好,村民只需搬进去住,这也不是真正的参与。真正实现有效的参与是村民全过程对景观决策与营建过程的参与,包括在选址、规划实际、规划实施阶段,以村民代表会议、村民访谈、村民投票等方式进行决策参与(表 5.3)。

表 5.3　村民参与的全过程

	营建阶段	参与内容	村民参与方式
步骤一	基本信息库建立	村民意愿调查; 景观系统(生态、生产、生活)的现状; 政策法规;上位规划	村民问卷、访谈、会议
步骤二	信息分析	景观要素的优势与劣势、不足之处; 景观控制的要素、策略与方法	

①　王冬.乡村聚落的共同建造与建筑师的融入[J].时代建筑,2007(4):26-31.
②　王冬.尊重民间,向民间学习——建筑师在村镇聚落营造中应关注的几个问题[J].新建筑,2005(4):10-12.

续表

营建阶段		参与内容	村民参与方式
步骤三	提出初步方案	土地利用方案； 产业发展方向以及产业空间的布置； 聚落空间结构、设施配置； 生态环境保护与生态恢复方案； 规划实施方案	村民会议、访谈、投票
步骤四	反馈、确定 最终方案	通过对话平台，管理者、设计者、村民之间进行方案协商	村民会议、访谈、投票，政府引导下的村民自主建造
		规划方案、实施步骤的最终确定	

（表格来源：笔者自绘）

管理者："决策主导者"转换为"营建支持者"

1977 年的《马丘比丘宪章》提出，"政府在人居建设中是有能力的实施者，但仅靠政府的实力是不足以解决人居问题的，解决问题的出路是动员民众自己及其所在社区的资力"。以上文字虽然讲的是人居，但笔者认为这对于乡村景观同样适用。长期以来，我国城市住宅就处于一种单一化的政府供给模式，当建设触及乡村，政府主导这种惯性做法也随之跟来。且不说乡村，即便是城市，这种荒置居住个性需求的做法也值得怀疑，因为，那只不过是在经济发展较为初级阶段、住宅供给不足时期的一种特殊方法①。

因此对管理者来说，乡村景观的营建应从决策主导者向支持者转变，管理者，也是一个"服务者"的概念。管理者需要拥有开明的态度和开放的眼界，并建立扶持的意识。首先尊重设计者的专业判断，避免市场化和行政意识下的景观导向。其次以一种说服、教育、引导的方式，展开宣传与普及教育，加强对企业的监督约束，提高村民的自身素质和自主能力，引导村民将景观营建同自身的生活理想相结合，满足多样的生活需求，并积极调整完善相关政策进行扶持。

企业："经济利益追求者"转化为"长远利益的主动执行者"

作为影响乡村景观建设的重要因素，企业在乡村景观中的积极作用是毋庸置疑的。面对大量的乡土景观资源，靠政府或是村民自身的经济投入则明显不足，而企业资金的注入，反而更能切实地进行地方自然以及人文景观资源的保护。而企业所具有的组织管理能力，对乡村景观的良性经营能起到切实的推进作用。因此，作为管理者，所需要做的主要是针对可能的负面影响，对企业行为进行约束与监督、激励与引导。在约束与监督方面，政府可通过相关条约，对企业的开发模式、利益分配等进行约束，对违规行为进行惩罚；在激励与引导方面，可通过税收、政策倾斜等对企业进行激励。从而使企业能够承担经济开发与资源保护平衡的重要职责，成为长远利益的主动执行者。

专业人员："建设主导者、利益代言人"转化为"建设指导者、利益协调者"

王冬指出："建筑师的认识及观念相对村民主体应该是高屋建瓴的和更加专业的，但在村落建造工作中却应该扮演配角，建筑师应该在村落营造中做很多引导性工作并发挥自身

---

① 聂兰生,邹颖,舒平. 21 世纪中国大城市居住形态解析[M].天津:天津大学出版社,2004:206.

专业的重要影响,但却不应该在村落建造过程中起'主体'作用,建筑师的设计与建造也不能完全替代村民自己的建造。"①王冬将建筑师的角色定位在如下几个方面:民间和工匠建造技术及其技术思想的学习者;乡土聚落及乡土建筑传统经验的梳理者;建筑学思想和现代建筑科学技术的引导者;村落建造活动的参与者;与村民以及各方面人员进行沟通和周旋的协调者。可见,专业人员的作用一定不应仅仅停留在技术指标与使用功能的实现上面,而需要从建设的主导者、利益的代言人转化为建设的指导者与利益的协调者。

2)整体的营建过程特征

相对于传统的线性规划过程,整体思想下景观的营建过程应具有以下特征(表5.4):

表 5.4　线性的营建过程与整体的营建过程比较

线性的营建过程	整体的营建过程
"自上而下"的体系	"自下而上＋自上而下"的开放体系
目标单一,多集中在景观资源保护	综合目标,尊重村民的利益与意愿
蓝图导向	过程导向
较短的规划周期	较长的规划周期
可操作性差	可操作性强

(表格来源:笔者自绘)

首先,综合目标,而非单一目标。关注"自下而上"的过程,将"自上而下"与"自下而上"的各自优势相结合,尊重各方利益群体,尤其是村民的意愿,而不是仅关注技术指标实现、关注景观资源保护而相对忽视村民的发展需要。

其次,过程导向,而非蓝图导向。过程导向以"发现问题"作为设计的开始,而非专家系统根据任务书直接提出解决方法,或是追求一张美丽如画的形式图景。同时,过程导向关注景观的演化过程,而非一个革命的进程。"发现问题"要求在规划的过程中纳入各方利益主体的想法和意见,这需要一套有效的信息采集、处理与分析方法。要将多方在不同阶段的参与反馈(尤其是村民参与)作为一个必经的过程和程序,从而在相关的关键问题上多角度、多层面地交流,最终达成共识,最大限度地推进景观利益协调的实现。此外,还要求设计师要留出村民自主性发挥的空间,即"村民参与",从而在专家体系和村民主体之间分配各自的责任,推动乡村景观的良性演化。

最后,动态循环的规划周期,具有较强的可操作性。由于需要组织利益主体的沟通并形成反馈,该过程是一个动态循环的过程,直至达成一致,输出最终方案。因此该过程相对于普通的自上而下的规划将会有较长的规划周期。但由于是不断协商后的结果,输出的结果具有较强的可操作性。

综上,整体的营建过程模型如图5.7:

---

① 王冬.乡村聚落的共同建造与建筑师的融入[J].时代建筑,2007(4):26-31.

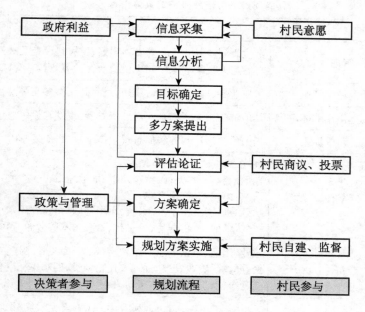

图 5.7 整体的营建过程流程图

(图片来源：笔者自绘)

5.3 整体营建过程的控制体系建构

纵观以上分析，整体视野下的乡村景观营建在主体上应包含使用者、设计者和管理者的"营建共同体"，在机制上结合"自上而下＋自下而上"的方法，通过主体的互动实现主客观要素的综合平衡，从而构成"导控＋地方自治"的整体营建方法。在此过程中，价值目标判断成为调控、引导、管理以上要素发展方向的依据。具体包括以下六个环节。

5.3.1 环节一：信息采集

1）信息采集的内容：对主、客体信息尤其是村民生活的深入调研

信息的收集与输入，建立较为全面的景观信息库是实现系统控制的基础。在规划初期，我们要全面地进行景观信息的收集与输入，应包括影响机理中提到的主体要素、客体要素两个层面，从而能够完整地体现乡村景观发展的人地关系。主体方面包括管理者、企业、村民的意愿等；客观方面包括乡村的自然、生产、生活的景观资源现状与特征，如大地景观、土地利用、乡村居住空间的现状与特征（整体布局、道路街巷、公共设施、建筑风貌与质量、地方传统的建造技艺、基础设施、绿化景观），以及地方风俗等非物质文化的现状与特征，并了解景观背后形成的原因（表 5.5）。需要通过现场调研，召开管理者、村民会议，入户访谈，详细的现场调查，进行记录、拍照等获得以上数据。

表 5.5   信息采集的具体内容

信息类别		具 体 内 容	
主体意愿信息	管理者意愿	上位规划,土地、水利等专项规划,民居建设相关政策规定;自然与人文景观保护如历史遗产保护等政策	
	村民意愿	村庄兼并、房屋拆迁、村庄建设规划、旅游参与等意愿	
	其他使用群体意愿	其他利益相关者如企业对经济发展、规划建设的意愿	
	科学原理	相关科学理论与方法如景观生态学、乡村旅游学等	
客体信息	自然生态系统	气候:温度、风向、雨雪量; 地形地貌:基本特征、特殊地形、危险地带; 山脉:山体构成、山脊线; 水系:水系类型,水量、水质、水岸空间信息,农用水道构成; 植物:绿地、植物群落、风水林、景观树木的分布;植物的季相变化	
	经济生产系统	农业、工业、第三产业的结构构成、发展水平、调整方向等;以农业为例,要调研农业发展阶段、农作物种类、四季季相变化;农用建筑与设施分布;农田与聚落的布局关系	
	居住生活系统	物质空间系统	土地利用、村庄总体格局、道路街巷、历史文化空间、建筑风貌、传统营建技艺;村庄基础设施、环境卫生
		非物质文化系统	乡规民约、风俗习惯、传统节庆、历史名人、饮食文化
目标信息	管理者、村民等不同主体眼中的发展目标		

(表格来源:笔者整理,参考于蔡龙铭.农村景观资源规划[M].台北:地景企业股份有限公司,1999.)

2) 采集方法

采集信息建立信息库是乡村营建得以控制的基础。该环节的关键在于发展意愿以及景观现状信息的采集。从意愿上,根据主客观信息的叠加,结合管理者与村民等主体对乡村发展远景的构想,设计者可以通过综合讨论确定乡村的定位与发展目标,并作为该环节成果,输入下一步即信息分析阶段。从信息采集上,对生境、生产、生活各要素进行仔细、全面的踏勘,尤其需要现场入户调查与访谈,从而获得第一手的乡村生活现状信息(表 5.6,图 5.8~图 5.11)。

表 5.6   信息采集的方法

类别	传统的信息采集方法	整体的信息采集方法
管理者意愿	• 缺项或由政府收集统一提供,未有深入了解	• 对各部门如水利、土地、环保等逐个访谈,进行专门的双向交流
村民意愿	• 召开村民代表会议,但了解往往不够深入,如访谈内容多集中在对建筑的意愿方面,而建设位置、产业、树木、植被选用等信息常被忽略	• 村民代表访谈 • 现场入户调查 • 对建设的区位、产业发展、植物、农作物等景观信息作较为全面的访谈
其他使用群体意愿	• 未对其他使用群体意愿进行采集	• 分析可能的利益相关者,并采集发展意愿

续表

类别	传统的信息采集方法	整体的信息采集方法
客体要素信息采集	• 专业设计人员赴现场探勘，主要调研建筑空间	• 现场勘探、拍照、记录 • 向村民了解日常生活相关的景观要素，并在图纸上记录 • 向村民了解为何会形成那样的景观
目标信息	• 管理者的目标比较宏观、含糊	• 多元目标输入，通过信息采集，纳入多元主体尤其是村民的目标，从而使目标得以修正，并变得具体、明确

（表格来源：笔者自绘）

图 5.8　现场入户调查

图 5.9　现场向村民了解产业、植被的情况

图 5.10　村民代表问卷调查

图 5.11　村民意愿访谈

（图 5.8～图 5.11 的图片来源：笔者自摄于湖南韶山韶光村）

5.3.2　环节二：信息的处理与分析

　　在信息库建立的基础上，对其进行正确的分析与处理，从而发现问题，是实现景观价值和有效控制的关键。该环节的实施者主要是专业技术人员。信息分析包括定性、定量分析两种，从村域、村落、宅院三个层级，生境、生产、生活三大系统层面，根据采集的文字、图片、数据等，依据相应的科学原理（如下两章中的景观生态学、生物共生原理等），采用一定的技

术方法,分析景观各系统的特征、存在的问题、发展的可能性空间,为方案提供线索和依据。具体分析与处理的内容如下表(表 5.7):

表 5.7　信息分析与处理的内容

层级	类别	具体内容
村域	土地利用现状分析	土地利用现状与存在问题分析,主要包括生境(山、水、植物群落)利用—产业—居住的配置
	建设适宜性评价	采用叠图方法,叠加自然、政策、社会等影响因素,采用 GIS(地理信息系统)等技术,对建设用地进行适宜性评价
	人口与经济信息	人口数据、发展预测;经济开发模式等
村落	自然与历史文化遗产评价	自然与历史文化遗产的分布、管理政策、使用情况、保护要求
	自然与人文景观脉络分析	对山水格局、组团单元、街巷肌理、景观节点等进行脉络分析
宅院	宅院特色分析	空间模式、墙体、屋顶、色彩、形制等分析,上位规划要求分析,村民意愿分析,为宅院的具体更新改造、文脉传承提供依据
	建筑评价	建筑物质量分析,村民意愿分析,判断建筑物的保护与更新模式

(表格来源:笔者自绘)

5.3.3　环节三:目标确定

　　景观的多元价值是乡村景观营建普适性的标准,但具体到每个乡村,由于实际情况不同,其发展的具体目标也将有所不同。最终具体目标的确定,是对事物可能的发展性空间进行选择的过程。具体说来,是结合以上主客观分析,对景观所承载的价值进行判断选择,从而能够从生境、生产、生活的不同层面,提出景观建设的具体目标,包括近期目标与远期目标。该目标的确定集合了专业人员、管理者、村民、企业等相关人员的意愿,建立在科学性、民主性的基础之上,以确保所提出方案的科学性、合理性与可操作性(表 5.8)。

表 5.8　不同模式中景观价值目标的确定

传统模式中目标的确定	整体模式中目标的确定
代表管理者的意愿	代表多主体的意愿
目标笼统、含糊	对景观的多元价值进行判断分析,从生态、生产、生活层面,结合现状,提出具体的近、远期发展目标

(表格来源:笔者自绘)

5.3.4　环节四:多方案的提出

　　多方案提出是对一个方案从不同角度所进行的研究,相对于单一方案,这种方式有助于达成价值目标的统一。该环节的实施者主要是专业设计人员,须在综合上一步骤信息分析与处理的基础上,寻求改善、提升景观的价值,寻求不同价值目标统一的策略方法,继而提出多个方案。由于不同方案侧重点有所不同,因此,在该环节设计者应说明方案所实现的价值目标,并对方案所体现的利益分配思考进行说明,以供下一步骤的方案论证进行比较与选择(表 5.9)。如课题组在韶山希望小镇规划中,就进行了多方案价值与利益的比较,以供决策判断(表5.10)。

表5.9 单一方案与多方案提出的比较

传统的方案提出环节	整体的方案提出环节
该环节仅提出单一方案	多方案、多可能性比较
未提及方案的价值目标	分析每个方案的价值目标实现,以提供比较与抉择
不讨论利益的分配	对不同方案利益的分配进行探讨说明

(表格来源:笔者自绘)

表5.10 韶山希望小镇多方案比较

方案	
比较	方案一:将原有废弃公建更新使用,新的旅游配套公建选址主干道一侧,兼顾南北两侧村落共享的需求,对场地肌理的改造较少,也避免对村民生活的干扰。原村落主要交通道路改为步行为主,在外围适当增加道路,对场地有所扰动,但可以形成机动车环路,以一定程度避免今后旅游开发对村内村民日常生活的扰动	方案二:将原有废弃公建更新使用,新的旅游配套公建选址对场地肌理(中部为坡地)的改造较大;基本延续原有的道路肌理,机动车主干道从原村落中间经过,对场地扰动少,对村民日常生活有一定干扰
	总体来看:方案一充分利用现有的基地条件,充分考虑了场地的生态价值、历史文化价值、使用价值等,以及对村民利益的考虑

(表格来源:笔者自绘)

5.3.5 环节五：信息反馈

信息反馈十分关键,通常指方案的评估论证环节,直接关系到方案的可操作性。传统的方案评估的实施者主要是专业人员和管理者,村民们只知道结果,不了解过程,因此信息的传递并不通畅、决策并不透明,操作性很差。在整体的过程中,本环节的实施者包括了由专业人员、村民、管理者等利益相关者组成的营建共同体。信息反馈将形成一个开放、透明的决策所必不可少的环节,同时有针对性地以景观价值目标为参照,探讨不同方案的利益分配与归属,并由营建共同体共同商讨、决策。由于在评估过程中会发现新的问题,解决这些问题需返回信息采集、分析、方案的阶段,因此这是一个循环的过程。直至多方达成一致,确定最终方案(表5.11)。

表5.11 方案的评估论证比较

传统的方案评估论证环节	整体的方案评估论证环节
未参照方案的价值目标	以景观价值目标为参照,评估每个方案的价值实现,以提供比较与抉择
不评估利益的分配	对不同方案利益的分配进行评估
仅专业人员向管理者汇报,由管理者决策,决策不透明,其科学性与民主性令人质疑	开放的讨论,由专业人员、村民、管理者共同参与决策,实现决策的科学性与民主性

(表格来源:笔者自绘)

5.3.6 环节六：成果输出

成果输出即方案的最终确定。该环节的主要任务是在信息分析、多方案论证的基础之上,形成一个较为统一的意见,进而由专业人员有针对性地提出相应的控制与引导策略和方法。值得说明的是,与城市型小区的建设不同,乡村景观营建的输出必然是一个开放的结果。这意味着,设计师的任务要明确受控部分以及不受控制部分。受控部分是指形成让村民可自主参与的导则性框架;不受控制部分指的是预留村民自主建设空间,剩下的事情交由村民自己来完成。(表5.12,图5.12,图5.13)

表5.12 方案确定与成果输出比较

传统的反馈与输出环节	整体的方案反馈与输出
村民仅被告知	村民参与决策
输出部分以蓝图形式输出,缺乏弹变性	输出成果以菜单形式输出,包括受控部分＋非受控部分

(表格来源:笔者自绘)

图 5.12　村民、村委会、投资方、设计方共同进行
方案讨论与决策

（图片来源：笔者自摄于湖南韶山韶光村）

图 5.13　村民自主建房

（图片来源：笔者自摄于浙江建德三江口村）

5.4　本章小结

乡村景观是主、客观要素综合作用之下各种作用力叠加的结果。有鉴于此，本章从实施策略的角度，依托控制论原理，主要探讨了如何在规划过程中充分传递、组织这些作用力的信息，从而实现有控制的过程营建。本章首先对乡村景观的价值评价进行了梳理，分析多元价值实现的营建目标体系及其主客体影响机理；其次结合典型实际案例，揭示现行线性营建模式存在的问题，提出转型方向；最后基于以上探讨，提出营建过程从封闭到开放、从线性向全局的体系与方法特征，并进一步建构了"营建共同体"在"自上而下＋自下而上"的机制下，结合"循环反馈"的整体营建过程模型。

6　乡村景观营建格局的生态性

景观格局指各类景观要素在空间上的分布。传统的乡村景观是在较低的技术水平之下形成的,人类活动干扰程度相对较低,乡村景观系统具备良好的生态格局。随着人类经济活动的日益加剧,特别是正在进行中的经济社会转型,乡村景观发生了巨大的变化,区域景观破碎化以及建设用地的恣意蔓延、环境污染等现象越来越突出。基于此背景,本章依托景观生态学的整体视野与相关原理,从规划策略的角度,以生态营造与生态治理为内核,对生态营建的基本原则,乡村景观在村域、村落、宅院等不同空间层面的设计途径进行相关探讨。

6.1　乡村景观生态营建的基本原则

景观生态学研究的对象和主要内容可以概括成景观结构、景观功能和景观动态三个方面[①],基于此,我们将景观格局生态营建的基本原则归纳分析为景观结构的保护与优化、景观功能的补充与完善、景观动态的自我调适三个方面。其最终目标是建立一个丰富、高效,可以自我供给、自我支持的动态景观生态体系。这三个方面的要点如下。

6.1.1　景观结构的保护与优化

根据景观生态学的原理,景观结构是景观功能存在的基础,只有保证景观结构的完善才能实现景观功能的高效发挥。那么,通过完善乡村景观的基本结构元素,串联起景观系统的各个环节,使其成为一个稳定的系统,是景观格局生态性的重要内容。一般而言,受人类行为活动的干扰,乡村景观结构并不稳定。因此,相应的景观规划方法就是保护景观结构的敏感区并优化景观格局,使其获得稳定而更加完善。

首先,需要保护景观结构的敏感区。景观敏感区往往是表现区域景观突出特征的最关键地区,它非常脆弱,一旦被破坏则难以弥补。相应的景观规划设计的方法就要强化对这类地区的保护,通过调查、分析和评估确定区域的环境敏感区的位置范围及环境容量,制定相应的保护措施,防止不当的开发和过度的土地使用[②]。具体说来,乡村景观的以下部分属于景观敏感区。

地形地貌、山体、水系等自然生境支持系统:地形地貌、山体、水系等构成了乡村景观的自然基底,构成生态学视野下的基质、斑块、廊道。在乡村景观的快速建设下,由于经济驱动以及认识的不足,人类对这些本体的破坏都非常严重,而这些都是对乡村景观具有关键意义的景观元素,是乡村景观中的生态支持系统。以斑块为例,大型斑块对生物的多样性有着重

①　邬健国.景观生态学——格局、过程、尺度与等级[M].北京:高等教育出版社,2007:13
②　谢花林,刘黎明,李蕾.乡村景观规划设计的相关问题探讨[J].中国园林,2003(03):39-41.

要的影响。一般而言,物种多样性随着斑块面积的增加而增加,大斑块对地下蓄水层和湖泊中的水质有保护作用,有利于生境敏感种的生存,为大型动物提供核心生境和避难所,为景观中其他组成部分提供种源,维持更近乎自然的生态干扰体系①。因此,需要从生态安全的角度对其制定相应的保护措施。这体现在宏观层面对这些要素进行整体性与连续性的保护,在微观层面顺应其生态过程进行功能的改善与优化。

原生的人地景观格局:由于不同的自然、社会、经济条件,不同地域的乡村、不同层级(村域、村落、宅院)之下乡村"生境—生产—生活"形成的景观空间格局均会有所不同,反映出不同地域的人地相互作用的景观生态过程。它突出表现在村域层级中"山—水—田—村"格局,村落层级的街巷肌理,以及宅院与场地的关系等。这些景观格局往往经千百年演化形成,与自然环境之间的格局关系被证明是最优化和安全的。这种格局是人地和谐关系的体现,但往往十分脆弱。在乡村景观的营建中,我们其实并不需要创作什么作品,而是需要对这些格局特征进行分析、提炼,从而实现保护、改善与提升。

其次,优化景观格局的"镶嵌"性特征。镶嵌是景观格局的一种,指的是地形、土地或植被形成不规则块状的单元,并以相似或分型的方式重复出现的格局。镶嵌性是生物群落水平结构的一个重要格局,指的是层片在二维空间中的不均匀配置,使群落在外形上表现为斑块相间②。值得指出的,镶嵌是一种连续的异质转换,这与 Forman 所提出的"集中与分散相结合"最优景观格局是同一个原理,Forman 强调集中使用土地,确保大型自然植被斑块的完整性;在人类活动占主导地位的地段,让自然斑块以廊道或小斑块形式分散布局。该"镶嵌"模式可以充分地应用到乡村景观格局,体现生态的优越性,提供丰富的视觉格局。

6.1.2 景观功能的补充与完善

景观功能补充与完善的目标是实现功能的高效发挥,这包括以下两个方面。

首先,充分地建立、完善斑块。从景观生态学的视野来看,斑块的尺度、数目、形状、位置等都影响景观的功能。乡村景观的斑块包括聚落、农田、植物群落等,斑块的规模和多样性对乡村景观格局的稳定性及优化有十分重要的影响。其中,集中使用土地,确保大型自然植被斑块的完整性,是维护景观生态安全的基础。因此,面对快速建设下斑块的破碎、多样性的丧失以及无序蔓延,有必要采取有效的措施,完善斑块内部功能,包括控制斑块的规模与结构。

其次,充分地建立并完善廊道,保持其连续性。根据景观生态学廊道的基本原理,廊道必须是连续的,从而有助于斑块的联系、物种的连续与能量的流动。在乡村景观中,水体、道路、山林植被等均是最主要的廊道类型,其连续性意义不仅主要体现在加强破碎斑块之间的联系,为物种的生存提供延续,廊道也是各种能量流动(如人流、产业流)的联系结构,对乡村生活的便利、经济的发展有极大的促进作用。但同时,道路有可能起到负面的影响,如机动交通公路对乡村聚落公共生活的干扰和隔离。因此,在保持连续性的同时,应极力避免负面

① 高娜.景观生态学视野下的乡村聚落景观整体营造初探[D].昆明:昆明理工大学,2006.
② 李博.普通生态学[M].呼和浩特:内蒙古大学出版社,1993:123.

影响,合理地进行廊道的位置确定与选址。这同样是景观营建中需要考虑的重要问题。

6.1.3　景观动态的平衡与协调

传统的景观创造强调人工对环境的改造,虽然能短期实现目标、获得崭新的景观,但往往要长久地花费大量的人力和能源才能维持。景观生态性并非指一种形式上的审美,而是强调作为一个良性健康的自组织系统,能够实现自我更新与修复。这就需要专业人员根据生态学的相关原理,采用生态设计的方法来实现发挥环境的能动性,实现景观的自我调试与平衡。建立在这种栖息环境上的景观就是自我设计的景观,它意味着人工的低度管理和景观资源的永续利用[①]。

首先,提高景观与生物多样性。在生态学中,生态多样性是十分重要的基本原理。一个健康的生态系统往往拥有很多物种,其物种越丰富,对环境的适应能力越强。这是由于物种之间形成复杂的关系,彼此作用、相互制约,能够使各物种在相互联系中得以保护和演化,从而使生态系统具有更强的稳定性。景观多样性是指景观单元在结构和功能方面的多样性,它反映了景观的复杂程度[②]。乡村景观的多样性涉及生境、生活、生产多方面,包括了自然生态多样性、生活多样性、产业多样性等广泛的内容,反映出乡村自然景观以及人文景观资源的丰富性。自然生态多样性包括了地形地貌、生物物种、生物生境的多样性。生活多样性包括了村落空间多样性、行为活动多样性、建筑多样性。产业多样性包括了产业类型、产品类型的多样性。在景观的营建中,多样性提示我们以下两点:一是对既有的景观多样性进行保护;二是要提高生态系统的多样性,强化景观系统的整体性与稳定性。

其次,遵循自然过程进行景观设计与资源循环利用。设计尊重自然过程,就是要认识到各种自然过程都具有自我调节功能,设计的目的在于恢复或促进自然过程的自动稳定,而非随心所欲的人工控制。我们在景观的营建中,通过深入了解场地的各项自然过程,遵循自然的演化特征与生态过程来进行相应设计,就可以得到多样、经济且符合场地个性的设计形式。此外,在规划设计中应根据乡村的特征和经济条件采用适宜的策略与方法进行资源的循环利用。如后文中对护岸景观以及水体污废处理的营建探讨。

6.2　村域层级的景观生态营建模式

村域层级的乡村景观营建的主要任务为总体格局的确定。对居住生活用地、经济生产用地及自然生境用地构成进行调整,优化乡村"山林—农田—村落—水系"的整体景观结构与功能。由于选址的资源导向,乡村一般位于山多水多的区域,根据地形地貌的特征,乡村可主要分为两种类型——山地丘陵型乡村、平原水网型乡村(表6.1)。

在山地丘陵地区,地形的起伏为村落空间带来了丰富的层次变化,村落与山体之间构成图底,山体背景轮廓起伏,村落多依山而建,参差错落,层次丰富。在山地地理环境的限制

---

①　谢花林,刘黎明,李蕾.乡村景观规划设计的相关问题探讨[J].中国园林,2003(03):39-41.
②　傅伯杰,陈利顶.景观多样性的类型及其生态意义[J].地理学报,1996,51(5):454-461.

表 6.1 乡村的分类与景观特征

类型	地貌特征	案例	乡村景观特征	
山地丘陵型乡村	山地丘陵地势起伏较大,地形变化较多,没有稳定的走向	浙江磐安白云山村	村庄位于山坡之上,依山就势沿等高线逐渐展开,并形成了紧凑、连续的建筑与街巷肌理。受地形影响,村庄空间层次丰富	
平原水网型乡村	地形平坦、地势较低,地下水位较高	浙江南浔荻港村	村庄地势平坦,民居多依水而建,环绕河网较为均质布局。道路街巷因水而成,与水路或平行或交叠。总体结构上形成了街、居、河相结合的结构布局	

(图片来源:笔者自绘)

下,人们利用山坡进行耕种,乡村产业以梯田农业景观为主。"山林—农田—水系—村落"模式是乡村的主要景观格局模式。以浙江省为例,山地丘陵广泛分布于除浙北平原区、沿海丘陵平原区以外的其他地形区,基本覆盖除嘉兴以外的其他 10 个城市。如浙江省杭州的龙井村、金华的白云山村、温州永嘉的林坑村等。

平原水网地形多分布在江浙地区,这里地形平坦,湖泊众多,水网密布,形成了多个水乡村落。在水网地区,大面积的水系和农田构成开阔的开放空间为该类型村落的主要景观特征。河网水系形成了村庄的生产生活的网络系统,乡村水运发达、村民们邻水筑房、依水而居,聚落分布较为均质。在水网环境下,水田耕作构成乡村产业的主要景观,"水网—农田—村落"是主要的景观格局模式。如浙江省杭州华联村、湖州南浔区和孚镇荻港村等。

就整体形态而言,乡村在共性上体现出村落融合于自然山水、以自然环境为主的景观意象特征。影响村域整体景观的因素主要包括山丘、平原、水系等地形地貌因素。根据景观格局生态营建的基本原则,村域整体结构应体现对环境敏感区如山脊、道路、水体等廊道的保护,保持适宜的尺度,实现村落居住斑块与自然地貌的"镶嵌"模式,并实现景观结构的优化完善,彰显所在地域自然环境的特色而非凸显人工特征。基于此,村域整体格局营建的具体方法是以"反规划"的思想,对原有的乡村山水格局进行形态提取,识别关键的绿廊、山林、水系、道路、山脊等原本自然形成而相隔的天然格局,保护这些格局,并以此形成对居住斑块规模、体量的控制。以下就山地丘陵型乡村、平原水网型乡村两种类型的格局优化策略分别加以分析。

6.2.1   山地丘陵型乡村的适宜模式

在山地丘陵地区,村落形态与山体之间形成了一对"图底"关系,山体是村落形成的大背景,山体既是对村落的限定,又是自然环境优势的体现。恰当处理村落与山体的图底关系,是实现二者和谐共生的基础。山地村落宜以适宜规模的组团格局,形成"以陡坡山林、缓坡梯田为基底,组团单元平行等高线扩展的镶嵌模式"(图6.1),具有生态安全、景观保护、节约用地的多重意义。

一方面,"对于山地来讲,坡度同样影响着山地的生态稳定性,坡度越大,山地区域的地质稳定性越差,水土流失的可能性也越大,容易引发崩塌、侵蚀、径流量增加等不良后果。因此美国加州,曾经按照坡度规定每块土地应有一定的比例留为空地,不许人为改动,以求尽量保持山地的原有地形"①。另一方面,较之于大尺度的蔓延,组团格局形成村落与山体的"镶嵌"融合,可以控制村庄建设对山体景观的破坏,在山体与村落之间形成景观渗透,从而形成良好的视线景观,彰显山地特色。此外,基于山地地貌的脆弱性,从生态学以及节地的角度,建筑本身应尽可能形成"紧凑"组团、平行等高线能减少对地形的扰动。

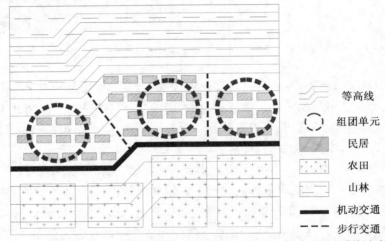

图例:
- 等高线
- 组团单元
- 民居
- 农田
- 山林
- 机动交通
- 步行交通

图6.1   山地丘陵型乡村"以山林、梯田为基底,组团单元平行等高线扩展"的镶嵌模式图

(图片来源:笔者自绘)

在此模式中,居住生活系统选择缓坡区,以组团单元的结构,平行登高线进行组织与扩展,形成组团单元"消解"较大的村落规模,"镶嵌"于山体之中的景观格局。以水系、道路、山脊等要素划分与控制居住组团的规模与尺度,各组团之间由机动交通串联起来;道路交通系统由机动交通、步行交通组成,其中机动交通平行等高线、步行交通则主要垂直等高线进行组织。农林生产系统本着合理利用地形地貌的原则,在缓坡区域,结合梯田建设大力发展生态农业、观光农业,结合适宜性与季相性提高作物的多样性,提升景观价值。在陡坡地段,结合山林建设作为生态恢复用地,保护自然植被、固土保水,以改善、恢复乡村的整体生态环境。

---

① 卢济威,王海松.山地建筑设计[M].北京:中国建筑工业出版社,2000:58.

　　下面以韶光村为例进行分析。韶光村村庄东、西、北侧均被较低山体环绕,整体空间格局呈中间低四周高的盆状形态,盆状空间的低处为开阔的农田。村内水系缺少,有若干人工水塘,较均匀地分布于农田附近。村中建筑以住宅为主,住宅选址主要分布于农田与山体的交界处,既不占用耕地,又可避免水涝;多数住宅建于山坡脚下,依山就势,选择缓坡处、沿等高线建设,小部分住宅围绕水塘建设。不论建于山地还是平地,住宅并不严格追求朝向,而是"坐实向虚",即背靠山体,面向盆地或水塘。

　　总的来看,该村落形态的生成主要受山体影响。村落中住宅的分布相对集中,呈多个团簇式布局,形成若干组团单元,镶嵌于山体之中,限制组团规模的要素主要有村内道路以及山体地形坡度。根据总平面图以及现状照片,能清晰地看出由于坡度较陡、不适于建设而留下的组团间隙,形成组团间的天然廊道(图6.2～图6.5)。对于韶光村,村落新建住宅以居住单元的模式相对集中建设,单元之间通过道路、山脊等原本自然形成的天然廊道相隔,以此形成对新建住宅规模、体量的控制,最终形成团簇状及与山脉相互嵌合的村落形态。原有住宅也遵循此框架进行整治,对廊道有影响的住宅予以搬迁,对于南环线,则严格控制两侧建筑的高度、密度,修整沿线景观(图6.6);机动交通平行等高线、步行交通则主要垂直等高线进行组织;农林生产系统在平地、缓坡处以水稻、蔬菜为主,陡坡处进行经济林、山林建设。

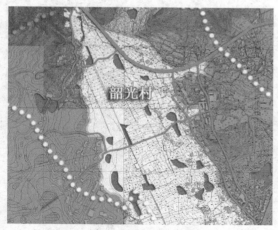

图6.2　韶光村现状总平面图
(图片来源:课题组)

图6.3　韶光村景观
(图片来源:笔者自摄)

图6.4　韶光村东北向山体景观

(图片来源:课题组)

图 6.5   韶光村西南向山体景观

(图片来源:课题组)

6.2.2   平原水网型乡村的适宜模式

在平原水网地区,大面积的水系和农田构成开阔的开放空间,村落布局较为"均质",人们"择水而居""因水而聚"成为该地区乡村的主要景观特征。在水网地区,水不仅仅是交通运输的工具,更是人们生产的空间、生活的舞台。在平原水网区,利用好水的特点,处理好村落—水网—农田—自然田野的关系,创造水乡田园风光是该地区乡村营造的首要要求。具体可通过水域、农田、植被等形成"生态廊道",从而形成"生态绿廊+多中心的组团镶嵌"格局(图 6.7)。

图 6.6   韶光村整体山体结构控制

(图片来源:课题组)

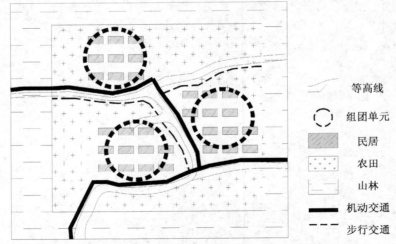

等高线	
组团单元	
民居	
农田	
山林	
机动交通	
步行交通	

图 6.7   平原水网型村落"生态绿廊、多中心"的组团扩展模式图

(图片来源:笔者自绘)

此模式的结构为:①居住生活系统以组团单元方式,结合水网肌理同构布局。以水系、农田或自然林地为绿廊、绿楔,控制村落的连片蔓延,形成多中心居住组团建设。②道路交通系统反映村落中道路与水的依存关系,突出其亲水特征,延续水街、水巷肌理,保护传统街巷。机动车道路尽量利用现有道路进行改造,并以尺度适宜为原则。结合滨水空间设置步行交通,增加良好景观的可体验性,丰富乡村景观。③农林生产系统设置于组团外围,利用水资源丰富的优势,发展灌溉农业、渔业、经济林等。

以杭州华联村为例,该村位于杭州三墩双桥区块西北角,西湖区与余杭区交界处,毗邻绕城公路,属于近郊农村地区。本区块属于湖沼平原亚区,由河流湖沼共同堆积而成,地势平坦,河网纵横交错,大小池塘星罗棋布,属于典型的江南水乡特征。华联村下属18个自然村,共535户,总人口2 129人。村内的产业结构比较单一,以水稻、苗木种植观光为主。由于城市发展需要,杭长高速穿村而过,给华联村带来村庄结构重组的要求①。

经实地调研发现,由于缺乏管理与规划支撑,华联村规划用地现存的主要问题有以下几点:现状建筑以20世纪90年代后建造的农居建筑为主,部分为80年代老式农居以及近代建设或改造的新式农居,建筑以三层为主,农居点沿水系、道路呈自由分散的自然生长状态,布局较散乱,质量参差不齐;道路系统尚未完善,华联村主要通过穿越村域内部的一条"7"字形道路与西向、南向外界沟通,而内部主要通过村级道路联系,路幅均较窄,以2~4米的断头路居多,且缺乏附属设施及停车场地,有待通过规划有序组织;公共设施偏少,现有的设施有村委会、老年活动室,但使用率较低;水系分布自由分散,缺乏整体景观规划设计,加上人们生产生活中对地形、水系的长期自由开发填补,整个水系支离破碎,大多被人们用作生活清洗用地与养殖用地。

根据华联村的地形与现状用地条件,规划拟以自然水系的整理为依托入手,整体提升全村的人居环境,通过改善、疏通并整合原有水系,顺应原有村落肌理以及水系形态,进行村落的新建与重组,以"水系廊道+多中心的组团镶嵌于农田"的景观模式进行景观结构的组织,最终形成"两轴、一带、一核心、多组团"的结构模式,以水域和农田形成绿廊和绿楔,控制组团单元的规模;农林生产系统以水稻为主,外围发展苗木种植、经济林等(图6.8~图6.11)。

图6.8 华联村区位图

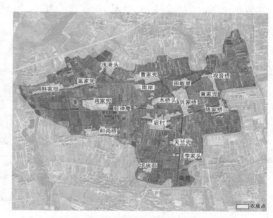

图6.9 华联村农居点分布现状

(图片来源:课题组)

---

① 案例来源:课题组.

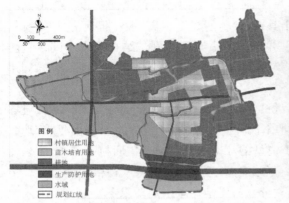

图 6.10　华联村村域总体土地利用规划图　　　　图 6.11　华联村村庄规划结构图

（图片来源：课题组）

6.3　村落层级的景观生态营建途径

村落层级指向村民的主要居住地，是村域之下的一个景观层级和乡村居民的主要日常生活场所。在村落空间中村民除了居住，还需要休息、交往、从事部分生产，并在这些日常的活动中形成一些共同的文化风范。该层级的乡村景观主要指人们进入村落之中所感知到的景观，整体上表现为"节点—街巷—组团"所构成的景观格局。如今随着产业非农化的转型，乡村承载的职能开始多元化，村落的职能也向观光、休闲、旅游发展，大多数的村落，需要进行新的景观功能植入与结构完善，另一方面，也需要对经济利益刺激之下村庄的更新建设实行必要的控制，以实现对景观敏感区的保护。本节主要从景观节点、街巷、河道护岸、水资源的层面进行相关分析，关于居住组团部分将在下一章结合产业功能的植入中进行探讨，在此不再赘述。

6.3.1　景观节点的激活

乡村的公共节点主要指一些公共空间，可分为日常性、神圣性、行政性三种。日常性公共节点指村口、广场、大树、水井、埠头、水渠、水岸边等，也包括社区中心、老年人活动场地、小型生产场地（如菜地、晒场）等；神圣性公共节点指祠堂、庙宇、风水林等；行政性公共节点指会堂、村委会等。这些公共节点中一些还在发挥着作用，如村口、街巷、小型生产场地等。一些已经失去了往日的作用如祠堂等。虽然已经失去了往日的作用，但这些公共节点不仅乡土色彩浓厚，更是乡村生活发展中逐渐累积的"情感场所"。因此，这些要素应作为村民的"记忆"以及人们理解乡村社会的重要线索而予以"激活"，使其重新焕发生机。

1）节点的激活与完善策略

首先,需要设计师对乡村现场进行调研、观察,主要通过对村民的访谈,获得村民眼中所认同的重要节点。其次,对节点现状、发展的可能进行分析评价,以进一步提出完善方案。一般来说乡村聚落的规模较小,创造新的公共活动空间的场地有限,多数情况下我们无需创造新的、过大尺度的节点,而只需将村民眼中具"情感场所"特质的空间节点加以重塑——整改或提升,或是通过对村落空间进行整理,结合一些空废建筑拆除后的场地,再适当扩容、整治或增加相应设施,便能实现具有乡村特色的公共空间的拓展,成为整合生活与游憩活动的重要节点。公共节点的活力需要通过人们的使用来体现,一个好的公共节点可以促进人们使用,增加不同人群相互交往的机会。适用的设施、多样的功能选择是促进人们使用并实现公共空间激活的需要。其原因在于通过完善设施,有针对性地设置文体活动场地、休息设施、展示空间以及商业空间等,能够支持多样化行为的产生,吸引村民、游客参与公共生活。将公共中心与老人、儿童活动场地有机结合,引入随意的、非正式的文化生活也是有效的办法。

2）白云山村节点改造案例

在浙江金华白云山村中,经过村民意愿的调研以及现场的仔细踏勘与分析,规划者将主要节点提取为"一轴、五节点","一轴"主要是指原村中心的主街,五节点包括了村口、水井、四棵树、旅馆、游客入口五个节点。通过对村落空间进行整理,结合一些空废建筑拆除后的场地,对这些节点进行了适当扩容、整治,增加了相应设施。其中,四棵树节点结合了附属性生产用房,将原来的仓储用房整改为小型茶室,以便能实现具有乡村特色的公共空间的拓展,使之成为整合生活与游憩活动的重要节点(图 6.12)。

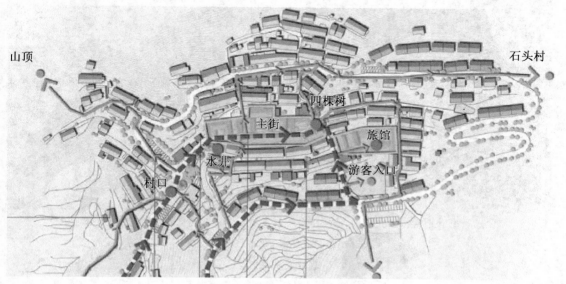

(a) 白云山村景观节点的识别、提取

(b) 改造前平面图

典型节点"四棵树"现状:由四棵银杏古树、阶梯步道、小广场组成,景观层次丰富,季相明显。应村委会要求保留,并改善形成村内的公共空间。

典型节点"四棵树"改造方案:保留四棵古树,清理周边环境,修复完善阶梯步道,将原来的附属性生产用房仓储用房整改为小型茶室,提供观景停留设施。

(c) 改造前现状照片

(d) 改造后空间构成

(e) 改造后景观效果(古树及小型茶室)

图6.12 白云山村景观节点的改造

(图片来源:课题组)

6.3.2 街巷网络的提升

传统乡村的道路交通主要由街巷组成,构成乡村空间的网络骨架。街巷空间是村落空间结构与空间肌理形成的关键要素,承担着村落内部主要交通功能,同时,也是人们日常公共生活的主要场所。在传统的乡村,你不但可以感受到大大小小街巷的形态差异,还可以看见人们在街巷里闲聊、儿童在街巷里玩耍,这些景观在很大程度上会给你带来体验的丰富性,会引导人不自觉地放慢脚步,细心体验。而当下的许多乡村道路建设以效率为标杆。随着时代的发展,越来越多的机动车要进入村落,原本步行尺度下的交通系统已经不能满足乡村发展的需要。很多快速建设下的乡村规划盲目跟随城市,讲求效率,往往形成较为整齐划一的"运输"型交通,形态单调、价值单一,完全是为"机动车"而非为"人"的设计。然而正因为这种变化,村庄的肌理遭到破坏,公共生活的偶然性、活力、丰富性都消失了。相对于快速通行的单一功能,传统街巷空间承载的功能是"交通+公共生活"的复合模式,既是交通线路,又具有乡村生活多样性的载体和发生器的重要意义。因此,对街巷空间进行提升与完善,有助于发挥其在乡村景观中的社会价值以及文化传承价值。

1) 街巷空间的保护与提升

乡村中存在着许多特色的街巷空间,如山地街巷、河街水巷,主街以及具有典型时代意义的道路如水杉大道等。保护这些有特色和有历史记忆的街巷空间,对于乡村文化的传承、乡村公共生活的激发有很大的积极意义。具体到街巷的组成,乡村里大多有一条主街,宽且平直,全村内的重要公共建筑都在这条街上,而巷多与主街垂直,住宅多由小巷子出入[①]。这在笔者调研的浙江省白云山、上葛村和三江口村均能找到对应的格局。如在白云山,主街宽 3~5 m,一端是水井、村委会,另一端连接了宗祠等公共设施;而与主街垂直的巷子连接了多数住宅,在入口连接方式上也体现出结合地形、顺势而为的特色。除了传统街巷,源于 20 世纪 80 年代以前的"水杉大道"也成为浙江省乡村道路街巷的一大特色。在许多乡村,水杉大道也称"知青大道"(图 6.13),是在 60 年代至 70 年代末,知识青年响应祖国号召下乡开垦建设的历史印证,这在浙江的华联村、新沙岛村均能找到典型例证。

图 6.13 乡村中的"知青大道"
(图片来源:笔者自摄于杭州富阳新沙岛)

目前,随着经济的发展尤其是乡村旅游的开发,越来越多的机动车开始进入乡村。传统的乡村道路系统一般可通行能力均较弱,因而面临着整体更新的需求。对特色街巷进行保护,必须通过肌理分析,提炼街巷空间原型,分析其变异类型,在此基础上制定街巷整治的控制导则。实现特色街巷与道路肌理的保护和传承是道路交通系统更新的基础。

① 陈志华.老房子·浙江民居[M].南京:江苏美术出版社,2000:20.

2）上葛村街巷整治案例

磐安县安文镇上葛村是浙江金华磐安的一个典型山地乡村①。该村位于磐安县安文镇的西南部，原属云山乡。地处磐安县城南面，距离磐安县城仅 5 km 左右。村庄南部与双尖头接壤，西北部与上马石村相望，西部和东部面山，生态环境优越。现有宽 8 m 的通往县城的公路横贯村庄东南侧，往北可至磐安县县城，往西南可至深泽乡，该公路还是通往诸永高速的连接线，交通极为便利。截止到 2008 年年底，上葛村有农业人口 238 户，720 人。村民的经济主要来源是从事农业生产、出门务工和办厂。

第一轮的规划建设全盘推翻旧有格局，形成了机械单一的兵营式布局，使乡村原有风貌消失殆尽。本次规划努力营建一个功能合理、布局有序、设施完善、环境优美的乡村居住生活空间，充分体现乡村生态环境资源和原有历史文脉，创建有利于提高生活质量和适应社会发展的居住空间。在街巷控制上，上葛村采用了肌理分析的方法，对街巷特色进行提炼，并由此形成村庄规划中的街巷营造导则（图 6.14～图 6.16）。

对于这些街巷，进一步微观的导则为：对于现状保留较好的道路街巷，规划主要以保护修缮为主。对于严重影响视线的街巷界面，规划进行改造更新。对于街巷路面铺装进行修复改造，使用天然的石板或青石材料，体现纯朴乡土特色。对道路两侧的植被，尽可能地保持本土的、原生植被。

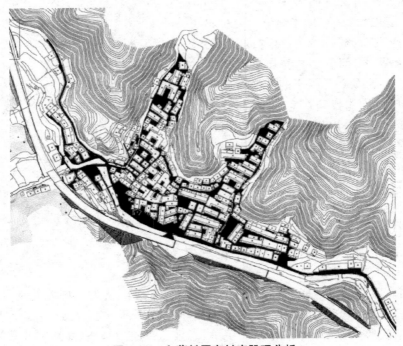

图 6.14　上葛村原有村庄肌理分析

（图片来源：课题组）

---

① 案例来源：课题组.上葛村村庄规划.

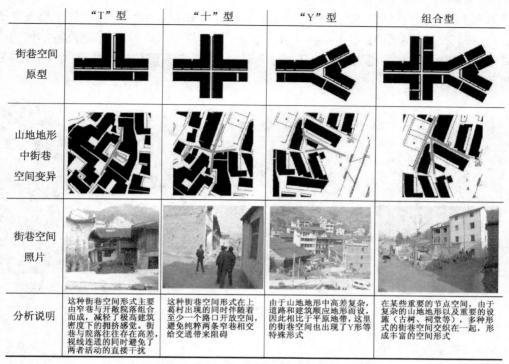

	"T"型	"十"型	"Y"型	组合型
街巷空间原型				
山地地形中街巷空间变异				
街巷空间照片				
分析说明	这种街巷空间形式主要由窄巷与开敞院落组合而成,减轻了极高建筑密度下的拥挤感觉。街巷与院落往往存在高差,视线连通的同时避免了两者活动的直接干扰	这种街巷空间形式在上葛村出现的同时伴随着至少一个路口开放空间,避免纯粹两条窄巷相交给交通带来阻碍	由于山地地形中高差复杂,道路和建筑顺应地形而设,因此相比于平原地带,这里的街巷空间也出现了Y形等特殊形式	在某些重要的节点空间,由于复杂的山地地形以及重要的设施(古树、祠堂等),多种形式的街巷空间交织在一起,形成丰富的空间形式

图 6.15　上葛村典型街巷肌理分析

(图片来源:课题组)

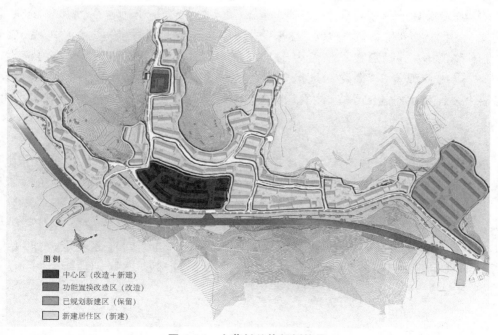

图例
- ■ 中心区(改造+新建)
- ■ 功能置换改造区(改造)
- ■ 已规划新建区(保留)
- □ 新建居住区(新建)

图 6.16　上葛村总体规划格局

(图片来源:课题组)

如在上葛村中,规划对主要的山地街巷肌理进行了保留,对于街巷空间,在规划中我们以空间肌理、尺度、界面的保护和还原为主要任务,以小规模保护修缮为主要措施,使用当地石材铺就裸露的道路,并适当配置植栽,使用当地材料对破损部位进行整修,旨在维护其日常使用功能,保持自然乡土风貌(图 6.17,图 6.18)。

图 6.17　上葛村典型街巷现状　　　　图 6.18　上葛村典型街巷改造示意图

(图片来源:课题组)

6.3.3　河道护岸的整治

河道护岸又称驳岸,是介于水陆之间限定水体的边界地带。自然原生的护岸是典型的生态交错带,具有渗透性的界面,物质与能量的流动与交换非常丰富。在传统的观念中,驳岸设计属于水利工程的工作,因而更多的修建是出于实用性和安全性,但并不注重其生态性能和景观效果。因此,导致许多不良驳岸做法如水泥衬底、截弯取直、驻坝改道等,不但割裂了自然生态系统要素之间的渗透与交流,还给河流生态造成破坏,造成景观单一、僵化和地域特色的丧失。因此,在规划整治中,将河道整治、生态保护、景观美化进行"一体化建设"就显得十分重要。具体可分为以下两种模式:

1)生态驳岸模式

生态驳岸是将河道整治与生态保护相结合进行乡村河道的一种改造模式。生态驳岸是指恢复后的自然河岸或具有自然河岸"可渗透性"的人工驳岸,它可以充分保证河岸与河流水体之间的水分交换和调节功能,同时具有一定抗洪强度。生态驳岸除了护堤抗洪的基本功能外,对河流水文过程、生物过程还有如下促进功能:滞洪补枯、调节水位;增强水体的自净作用;生态驳岸对于河流生物过程同样起到重大作用[①]。生态驳岸的种类主要有自然原型、自然型、多种人工自然型三种,具体做法如表 6.2所示。

---

① 孙鹏,王志芳.遵从自然过程的城市河流和滨水区景观设计[J].城市规划,2000,24(9):19-23.

表6.2 生态驳岸的类型

	自然原型驳岸	自然型驳岸	多种人工自然型驳岸
河堤构成	植被保护河堤,以保持自然堤岸特性	不仅种植植被,还采用天然石材、木材护堤,以增强堤岸的抗洪能力	在自然型护堤的基础上,再用钢筋混凝土等材料,确保足够的抗洪能力
做法	如种植柳树、水杨、白杨、榛树以及芦苇、菖蒲等具有喜水特性的植物;由吸水植物生长舒展的发达根系来固稳堤岸,顺应水流,增加其抗洪、保护河堤的能力。多用于洪流量不大的乡村地区	如在坡脚采用石笼木桩或浆砌石块(设有鱼巢)等护堤,其上筑有一定坡度的土堤,斜坡种植植被,实行乔灌草相结合,固堤护岸。多在我国传统园林理水使用	如将钢筋混凝土柱或耐水圆木制成梯形箱状框架,并向其中投入大的石块,或插入不同直径的混凝土管,形成很深的鱼巢,再在箱状框架内埋入大柳枝、水杨枝等;邻水侧种植芦苇、菖蒲等水生植物,使其在缝中生长出繁茂、葱绿的草木
图例			

(表格来源:孙鹏,王志芳.遵从自然过程的城市河流和滨水区景观设计[J].城市规划,2000,24(9):19-21.)

2)生态驳岸景观化

生态驳岸景观化指将前述生态驳岸整治与景观效果相结合,展现驳岸不同个性特征与地域景观特色的整治模式。具体的方法为:①保护驳岸的自然平面形态;②采用地方材质与地方做法,形成有地方标志的"可渗透"生态驳岸;③滨水植物采用地方性的耐水性植物或水生植物;④高差较大的驳岸,可采用台阶形式、分层设计,各层不同高度配置不同的亲水植物,这样既满足防洪要求,又能在枯水期保证一定的水量,满足景观要求。如衢州廿八都古镇的水域护岸,采用了分层设计做法,并使用地方自产的卵石、条石形成护岸,突出了个性与地域特色(图6.19)。又如在浙江杭州华联村河道护岸整治中,出于实用性和安全性目的,采用直接将河道人工筑堤的做法,以"河

图6.19 浙江廿八都古镇的护岸做法

(图片来源:课题组)

道整治、生态保护、景观美化一体化"为目标给出了如下整治策略(表6.3)。

表6.3   华联村河道整治策略

问题解析	河道、溪流、水塘是乡村的重要景观； 自然生长植物的护岸充满生机和活力,而人工修筑的堤坝则只注重功能,带来生硬感 
整治策略及图例	采用自然型生态护岸；护岸用毛石砌筑,勾缝不勾缝皆可； 临水结合村民需要设置水埠头；埠头和台阶可用石材砌筑 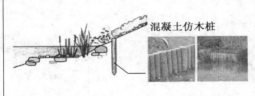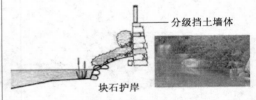

(表格来源:课题组)

6.3.4 水体资源的再生

　　作为影响乡村景观形成及发展的重要因素,作为村民日常生产生活不可或缺的重要因素,水体资源的生态再生必须引起人们充分的重视。水资源最大的特征就是循环性,每一滴水都是自然循环的一部分,因此,水的质量会受到人类所有行为的影响。不合理的水资源利用,如填埋河道、生活污水排放入河道等,会使河道的水质污染、调蓄功能受损,生物生存受到威胁。合理的水资源利用会使整个流域的生物受益。目前,随着生产、生活方式的改变,尤其是自来水的普及,传统乡村中水系所发挥的饮用、灌溉、洗涤、养殖、消防、造景等功能已经有所减少,水资源的保护意识在乡村中越来越淡薄。在乡村农业、工业以及乡村旅游带来的农家乐发展过程中,乡村中水体污染的状况日益严重。亲水是人的天性,乡村的水资源将更多地呈现出生态和景观的价值。而具体如何实现水资源的生态保护与利用,除需要提高环境保护意识、综合性的流域管理效果之外,在村落层级还应遵循以下规划基本原则:

　　1)基本原则

　　转变产业结构:调整农业产业结构,大力发展生态农业;搬迁有污染的工矿企业,建议搬迁至可集中进行污水处理的专业园区；

控制农家乐的规模与区位：将农家乐维持在一个较小的规模；在区位上尽可能设于小流域的下游；

可渗透性的路面处理：道路路面尽可能使用可渗透的铺装材料，以增加雨水对地面的渗透量，补充地下水资源，同时减少地表径流，减轻排水系统的压力；

有效的排水系统规划：排水处理系统最初是针对人口密集区的城市地区而设置，最早可追溯到公元前6世纪古罗马的排水沟渠。该系统是处理污水和雨水的工程设施，在水污染控制和生态环境保护中起着关键的作用。在我国大多数的乡村，基础设施薄弱，并没有系统规划过的排水设施。一些村落建造了简易的管网系统，但大多不规范，雨污混流，并有很多破损。因此，乡村排水系统规划的主要任务包括采用雨水集流技术、对雨水进行收集利用，以及针对乡村的特点，采用适宜的技术方法对生活污水、农家乐污水和公共厕卫污水进行处理与再利用。

2）生活污水的处理技术

生活污水处理是乡村排水系统处理中的重要环节。一般来说，农村村民排放的生活污水主要包括人粪尿、洗涤、洗浴、农家乐餐饮废水等。农村生活污水的处理就是通过一定的科学方法将污水中对农村生活或环境有害的污染物质进行清除、降解或无害化处理，使处理后的污水能够再次利用。目前，在"千村示范，万村整治"等工程的带动下，浙江省加强了对农村生产、生活污水的净化处理。但是，这项任务十分严峻。据统计，浙江省3.2万多个行政村中，仅有1 000个左右的行政村有生活污水收集和处理设施，还有3.1万个行政村、9.7万个自然村、86万户农民没有完善的生活污水收集和处理设施①。总的来看，乡村污水处理的任务任重而道远。

乡村污水处理很难用常规的城市处理方法。较之于城市，乡村污水系统处理有以下三大难点：一是系统处理难度高。由于村落布局较为分散，乡村污水具有分散和水量与水质变化大的特征。许多乡村地区山地丘陵众多，地形地势较为复杂，更是增加了系统处理（如管网铺设的成本与难度）。二是运行成本难以回收。污水处理系统的运行需要一定的成本，受乡村经济条件的限制和村民长期"零成本"使用水资源惯性影响，运行成本的回收具有很大难度。三是缺乏技术人员。水处理系统需要一定的人员维护，而在乡村，具有一定专业知识的技术人员缺乏。基于以上原因，在规划设计中应根据乡村的特征和经济条件采用适宜的策略与方法，集中与分散相结合，结合污水处理进行景观建设，并选择适宜的技术方法。其要点解释如下。

（1）集中与分散相结合模式：与城市小区的集中布局不同，乡村聚落总体上呈现大分散、小集中的布局特征，因此，污水处理系统在规划布局上应采用"集中与分散相结合"的模式，做到因地制宜，即将集中的区域统一规划处理，分散的农户则以家庭为单位进行单独处理。

（2）污水处理景观化模式：改变仅仅处理污水的传统观念，而将污水处理同景观美化建

---

① 浙江省建设厅，浙江省农业厅，浙江省环保局等.浙江省农村生活污水处理适用技术与实例[Z].2007.

设结合起来。不但收集、储存、处理污水,且将污水转变为新的景观。以浙江安吉山川乡高家堂为例,高家堂村利用原有的天然污水塘,将其改造为一个阿科蔓生态塘,对生活污水进行就地处理,使出水达到景观利用标准,水体恢复了自净能力,吸引了村民活动,成为当地的一道风景(图 6.20～图 6.22)。

| 图 6.20   高家堂村污水系统布置 | 图 6.21   高家堂村景观化处理后的污水塘 |

(图片来源:笔者自摄于浙江安吉高家堂村)

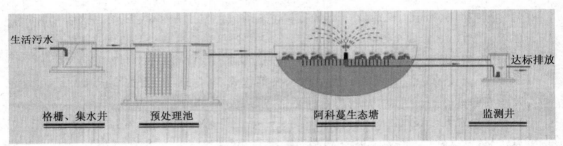

图 6.22   高家堂村阿科蔓生态塘系统流程图

(图片来源:笔者自摄于浙江安吉高家堂村)

(3)生活污水的适宜技术:针对农村生活污水处理现状与农村分布特点,乡村污水的处理应选用适宜的技术方法。目前,已经有许多学者进行了基于生物方法的相关适宜性技术研究,一些乡村也在积极地进行实践探索。如浙江大学罗安程教授提出的小型厌氧—人工湿地生活污水处理技术,已经广泛运用于新农村的建设之中,在改善农村生态与生活环境的同时,也节约了大量的建设费用。浙江省安吉县,作为"美丽乡村"的发源地,在乡村生活污水处理的研究与实践上也走在前列。2003 年,安吉将农村生活污水处理作为生态县建设重点工程和基础性工作持续推进,积极探索简便实用的处理技术,首创了农村生活污水分户式湿地处理技术,新增实施了太阳能驱动污水处理技术、生态复合床污水处理系统等农村生活污水处理项目,使县域环境质量稳步提升,农村环境面貌显著改善。截至 2011 年年底,实施农村生活污水处理的行政村有 152 个,覆盖率达 81.3%,为乡村污水处理提供了良好示范。

结合以上研究与实践,现对技术选择时遵循的原则(表 6.4),以及常用的乡村污水处理的技术模式进行归纳、整理,以供广大乡村根据自身经济和自然条件选用。

表 6.4　乡村生活污水处理技术的选用原则

经济性	结合当地的实际经济条件、社会发展水平、地形地貌选择适宜的技术,做到经济合理、运行管理费用低
维护管理的简单易行	乡村地区社会文化水平较低、缺乏专业技术人员,因此,应选择不论是在日常操作还是维护管理上均简单易行的处理技术
灵活性	污水处理系统应占地小、便于组合,从而灵活适应乡村的不同地貌与人居规模
可回收性	处理后的污水应尽量实现回收利用,实现生态保护、节约水资源的目的

(表格来源:笔者自绘,参考于浙江省建设厅,浙江省农业厅,浙江省环保局,等.浙江省农村生活污水处理适用技术与实例[Z].2007.)

　　一般来讲,农村生活污水处理可分为三个阶段①。第一阶段主要去除污水中呈悬浮状态的固体污染物质(SS),物理处理法大部分只能完成第一阶段处理要求。经过第一阶段处理的污水,BOD(生物化学需氧量)一般可去除 30% 左右,但达不到排放标准。第一阶段一般为第二阶段处理的预处理。第二阶段主要去除污水中呈胶体和溶解状态的有机污染物质[以 BOD、COD(化学需氧量)的去除为衡量指标]去除率可达 90% 以上,使有机污染物基本上达到一级或二级排放标准。第三阶段是进一步处理难降解的有机物及氮、磷等能够导致水体富营养化的可溶性无机物等。主要方法有生物脱氮除磷法、混凝沉淀法、砂率法、活性炭吸附法、离子交换法和电渗分析法等。经过第三阶段处理的污水基本上能达到地面景观水的排放标准。目前,常用的污水处理技术列举如下(表 6.5):

表 6.5　常用的污水处理技术

动力模式	1. A_2O(厌氧/缺氧/好氧)技术	
微动力模式	2. 微动力(电能)污水处理技术 4. PEZ(微动力)高效污水处理技术 6. 日本净化槽污水处理技术	3. 太阳能驱动污水处理技术 5. 爱迪曼生活污水处理技术
无动力模式	7. 潜流型生态湿地处理技术 9. 多介质土壤小滤层系统农家乐污水 　处理技术	8. 复合生态床污水处理技术 10. 阿科蔓生态处理技术

(表格来源:笔者自绘,参考于安吉县"农村生活污水处理展示工程"资料)

6.4　宅院层级的景观生态营建策略

　　宅院层级景观整体营建的主要任务是院落和民居建筑设计,从生态营建的角度,本节主要针对山地建筑的布局模式、宅院雨水的资源化利用系统进行探讨。

---

① 浙江省建设厅,浙江省农业厅,浙江省环保局,等.浙江省农村生活污水处理适用技术与实例[Z].2007.

6.4.1　因地制宜的山地建筑布局

"因地制宜"是山地建筑设计的总体原则,指将建筑的形体空间组织与地势、地形特征相协调,形成层次丰富的空间形式。因地制宜的核心策略可以分两个部分,体现在山地建筑的出入口模式与接地模式中。

1)山地建筑的出入口模式引导

在山地地形的村庄中,建筑的入口方式较之平原地区更灵活多样。提炼这些丰富的出入口模式,可以直接形成导则,引导宅院层级建筑单体的建设(图6.23)。以浙江上葛村为例,通过调研分析,出入口模式可以归纳为经台阶进入(A)、经石板连接(B)、经院落(C)、经街巷(D)等方式。

图6.23　上葛村出入口模式引导图

(图片来源:课题组)

2)山地建筑的接地模式引导①

山地建筑的接地模式是山地建筑与地形相互关系的概括和描述,表现了山地建筑顺应地形、获取使用空间的形态模式。接地方式的不同,决定了山地建筑本身的结构形式及其对山体地表的改动程度,因此,它对建筑形体的产生、山地环境的保护具有重要意义。卢济威

① 此部分主要参考于卢济威,王海松.山地建筑设计[M].北京:中国建筑工业出版社,2000:82.

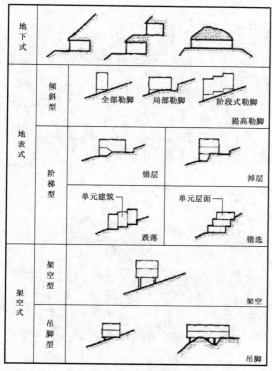

图 6.24 山地建筑接地方式

（图片来源：卢济威，王海松.山地建筑设计［M］.北京：中国建筑工业出版社，2000.）

与王海松在研究中将山地建筑的接地方式分为地下式、地表式、架空式。其中，地表式又分倾斜型和阶梯型，架空式又分架空型和吊脚型（图 6.24），而这些方式在乡村中均能找到相应的实际案例（图 6.25）。

同样，在上葛村中，我们提炼这些接地模式形成导则，直接引导宅院的形态建设（图 6.26）。

6.4.2 宅院雨水的资源化利用

"雨水资源化"是通过相关措施，将闲置（径流）的雨水转化为可利用水资源的过程。该过程在节约用水的同时，还能够补充地下水，减轻雨水径流对乡村河道的泄洪压力，具有保护生态环境、增进社会经济效益的积极意义。在欧洲，雨水资源化利用已有几十年的历史。而在我国，相关的研究与实践起步较晚。目前，雨水的资源化利用主要有以下两种形式：一是渗透回灌以补充地下水；二是作中水回用。一般来说，对于雨水主要有屋面、道路、绿地三种汇流介质。地面径流雨水水质较差，绿地径流雨水又基本以渗透为主，可收集雨量有限；比较而言屋面雨水水质较好，径流量大，便于收集利用，其利用价值最高①。

（a）提高勒脚做法（倾斜式）

（b）跌落做法（阶梯式）

（c）吊脚做法

图 6.25 山地建筑在乡村中的实际案例

（图片来源：笔者自摄）

---

① 曹秀芹，车武.城市屋面雨水收集利用系统方案设计分析［J］.给水排水，2002,28(1):13-15.

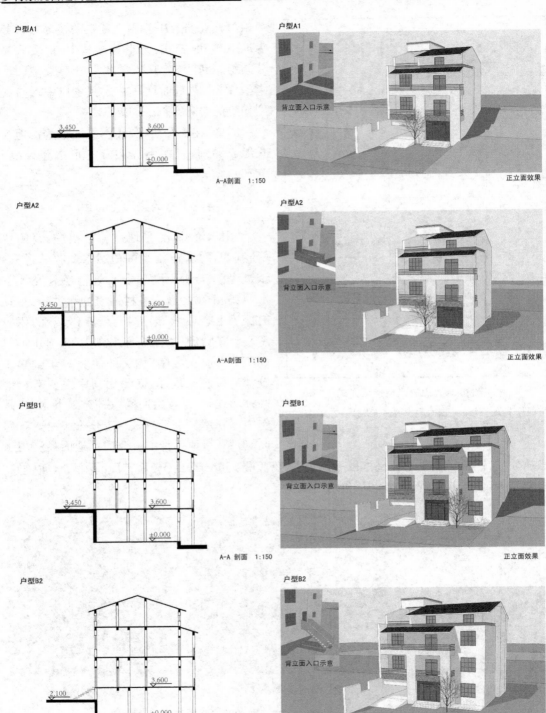

图 6.26 上葛村山地民居的接地模式引导

(图片来源:课题组)

在乡村中要实现雨水的资源化利用,需要建立一套简便易行的雨水收集、处理、回用系统。课题组在安吉乡村风貌特色研究中,从宅院层面给出了适宜的系统利用模式(图6.27)。通过屋顶将雨水汇集到内院中,利用水井沉淀、过滤、净化,形成一套简单的雨水收集系统,处理后的雨水可重复利用于生活之中,如浇灌植物、冲洗厕所等。利用适宜性技术解决乡村水资源的系统利用问题,在节约能源的同时提高居住生活品质。当然,屋顶雨水回收系统还可结合太阳能热水系统、生活污水处理系统在建筑中进行综合利用。

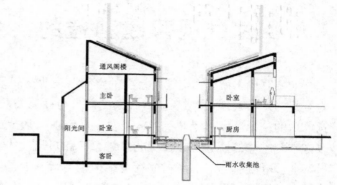

图 6.27　一套简便的雨水收集系统
(图片来源:课题组)

6.5　本章小结

以景观生态学原理为依托,本章就乡村景观营建格局的生态性进行了探讨。首先,从景观结构的保护与优化、景观功能的补充与完善、景观动态的自我协调三个方面对如何实现乡村景观生态营建的基本原则进行了解析;在此基础上,结合乡村景观的现状特征与问题,从村域、村落、宅院三个层级,对景观的生态营建策略与方法进行了探讨。其中,在村域层级,针对不同的地形地貌条件,提出山地丘陵型乡村“以陡坡山林、缓坡梯田为基底,组团单元平行等高线扩展”的适宜模式,以及平原水网型乡村以水系、农田、植被为绿廊的“生态绿廊+多中心组团”的均质镶嵌模式;在村落层级,提出景观节点激活、街巷网络提升、水资源的生态再生,以及生态驳岸景观化的一体化营建模式;在宅院层级,结合地形探讨因地制宜的建筑布局以及雨水的资源化利用模式。当然,同其他多种规划理论类似,景观生态学也有一定的局限性,对于人类复杂活动参与的中国乡村景观,景观生态学尚不足以解决营建中的所有问题,尤其是利益主体之间的关系,还需要运用共生原理的思维加以平衡协调,下一章将就此问题展开探讨。

7   乡村景观营建利益的共生性

如列斐伏尔所言"空间是社会的空间",表明空间是诸多社会关系之下的产物。景观作为空间的外在表现,同样反映着社会的需求与社会关系的构成,并在很大程度上呈现出利益竞争后的结果。乡村景观是由人类复杂活动参与形成的景观类型,其背后的隐性逻辑就是多方利益主体的博弈。在传统的乡村,景观的利益主体是村民,其构成较为单纯。而随着乡村产业、职能的多元化,乡村的社会结构也逐渐发生了变化,突出表现在人口组成上增加了旅游者,因旅游发展而衍生的外来务工者、投资者,以及以乡村作为第二居所的城里人。乡村景观的利益相关者日渐多元化,主要可分为管理者、投资者、游客、村民等,这些主体都会影响乡村的建设,其自身利益也会受到乡村建设的影响。出于新农村建设中越来越多的利益冲突与操作的困难,人们越来越意识到景观利益格局协调的重要性。如何实现这些利益的协调平衡,以自然规律、客观数据见长的景观生态学在此并不具说服力,而源自生物学的共生原理以实现系统各单元的共生共荣为最终目标,强调系统要素的互利共存和协同进化,给我们提供了很好的理论与方法基础。基于当下乡村类型的多元化,本章以利益关系较为突出的旅游型乡村为例,以共生原理为理论基础,探讨景观的共生单元、共生模式以及共生的策略与方法。

7.1   乡村景观利益的共生系统

根据共生原理,共生有三要素,由共生单元(U)、共生模式(M)和共生环境(E)构成。任何共生关系都是以上三要素的组合,在共生关系的三要素中,共生模式是关键,共生单元是基础,共生环境是重要的外部条件①。那么在乡村景观中,共生关系可能有哪些,共生系统如何构成,是本节讨论的问题。

7.1.1   利益主体的概念与范围

利益主体也称利益相关者,其概念源自于企业管理的领域。"利益主体是指那些能够影响企业的目标达成,或者在企业达成目标中受到影响的个人和群体。"作为一种利益相关者非常多元化的产业,旅游业的可持续发展与不同利益的协调程度密切相关,而这些最终都将在乡村景观中表现出来。Swardbrooke指出,可持续旅游的主要利益相关者包括:当地社区(直接在旅游业就业的人、不直接在旅游业就业的人、当地企业的人员)、政府机构(超政府机构、中央政府、当地政府)、旅游业(旅游经营商、旅游吸引物、交通经营者、饭店、旅游零售商等)、旅游者(大众旅游者、生态旅游者)、压力集团(环境、野生动物、人权、工人权利等非政府

---

① 袁纯清.共生理论:兼论小型经济[M].北京:经济科学出版社,1998:9.

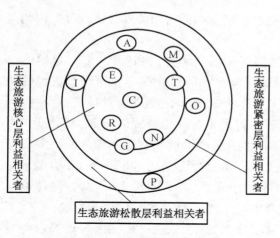

图 7.1 生态旅游利益相关者层级

注:T:旅游者;E:国内或当地生态旅游企业;C:当地社区;R:保护区;N:非政府组织(包括环保组织和发展组织);G:政府(包括不同层级,其中部分位于核心层,部分位于紧密层);O:其他产业(如农业、林业等);I:国际企业;M:媒体;A:学术界和专家;P:公众
(图片来源:宋瑞.我国生态旅游利益相关者分析[J].中国人口·资源与环境(社会科学版),2005,15(1):36-41.)

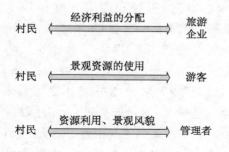

图 7.2 旅游型乡村中主要的共生单元

(图片来源:笔者自绘)

组织)、志愿部门(发展中国家的非政府机构、发达国家的信托和环境慈善机构)、专家(商业咨询家、学术人员)、媒体等①(图 7.1)。宋瑞根据此将生态旅游的利益相关者层级进行了建构,也同时指出,该图所描述的只是一般性关系,现实中不同国家地区,具体的利益相关者关系及其数目、所处位置不尽相同。

根据以上研究,笔者将研究范围界定在四个核心的利益相关者——村民(当地社区)、管理者、旅游企业(主要指外来资本)、旅游者。这是因为,虽然相关的利益者也包括其他媒体、公众等,但对于旅游型乡村,村民更多的是从实利的角度来看待建设问题,乡村中最主要的矛盾冲突主要源自于景观资源的分配和经济收益的分配,而这些主要是在村民同旅游企业之间、村民同管理者之间、村民同游客之间所产生的。因此,本章就着重从以上三种关系出发,探讨彼此之间利益协调的景观策略与方法。

7.1.2 利益主体视角下的共生单元

对于大多数的乡村,不论其产业职能如何发生变化,不管是偏向农业、工业还是旅游,乡村的主体职能仍是由居住者创造、使用、用于生活的环境空间,这是乡村景观存在的初衷,也是其最终的归属。因此,本章对共生系统的讨论是围绕村民展开的。根据共生原理,共生单元是构成共生体或共生关系的基本能量生产和交换单位,是形成共生体的基本物质条件,并且共生单元是相对的,共生单元随分析的层次变化而有所差异②。在旅游型乡村,基于共生单元的多样性与层次性,我们可以得到与村民相关的几组不同共生单元(图 7.2)。

1)村民与旅游企业共生

旅游企业主要是指外来资本以与村集体合作或独资投资的形式,通过购买、租赁等途径,以乡村景观资源的开发与经营获益为目标的企业部门。从经济收益的角度,村民与旅游

① 宋瑞.我国生态旅游利益相关者分析[J].中国人口·资源与环境(社会科学版),2005,15(1):36-41.
② 袁纯清.共生理论:兼论小型经济[M].北京:经济科学出版社,1998:7.

企业构成了重要的共生单元,两者之间互相依赖、共同生存,同时面临着经济利益如何均衡分配的问题。

首先,大多数乡村靠自身难以承担乡村旅游开发的经济投入和管理,缺乏足够的市场经验,而外来资本往往具有以上优势,可以以资金输入的形式获得乡村旅游资源的使用权,其介入可开拓性地带动乡村发展。另一方面,外来资本之所以愿意投资在乡村,主要是乡村拥有优势的自然资源与人文资源。其实村民本身就是资源的一部分,只是作为这一部分隐性成本常常被人们所忽视、遗忘。村民们还要承担旅游开发带来的许多负面影响,如商业化、拥挤、环境污染、噪音干扰等,综合体现为资源的过度开发,而很多企业又不愿因此承担相应的责任。笔者在调研和实践中发现,当下的许多乡村,村民都迫切地希望通过旅游业发展来提高经济收入、改善生活水平。而一些不能体现社会公平、不能使村民实实在在得到好处的乡村建设,会引起村民的强烈抵触,往往因规划难以进行而流于纸面。因此,村民能否与其他的开发者共同分享旅游带来的利益、改善生活水平而不仅仅是承担负面影响,是社会公平、互利共存、互相促进能否体现的关键,也是规划能否顺利实施的保证。

2)村民与游客共生

从使用者的角度分析,村民与游客是乡村中重要的共生单元,其博弈主要体现为景观资源的分配。表面上看来,乡村建设中的利益主体有政府、企业、游客、村民,乡村景观更多地体现了管理者或开发者的主观意志;实际上,在市场经济的背景下,乡村景观如何利用更多地体现了直接消费者——游客的需求。由此,村民和游客直接构成了一对相对应的利益主体,面临着空间利益的竞争问题,同时也在旅游的背景下,相互集结以求共同生存、共同促进,其共生模式、利益分配将直接影响到乡村景观的最终格局。

村民与游客的博弈主要体现为景观资源的分配。从游客角度来说,游客的需求主要体现为对乡村景观、旅游服务设施完善的需求。游览设施品质较低,接待能力较差,卫生状况不佳是乡村旅游存在的普遍问题。从村民角度来看,他们的需求集中体现在居住品质、生活设施、公共交往的需求,而普遍现状是基础设施薄弱、公益性公共服务设施不足。同时,游客的活动也会对村民生活带来大量干扰。一些以家庭为单位的农家乐活动,往往基于自家的房屋、院落进行经营,在功能上呈现出产住混合的状态,这也对家庭日常生活尤其是老人和小孩的活动带来影响。

在经济效益的驱动之下,不少乡村的村民与游客的共生关系基本处于失衡状态。乡村空间、设施功能上主要为游客服务,而乡村真正的主体——村民及其日常的公共生活遭到了忽视。公共生活萎缩,村落的归属感遗失。鉴于旅游对乡村经济拉动、对乡村遗产保护的重要作用和乡村作为城市快速生活的平衡点作用,村民与游客之间的共生模式亟须向对称性互惠模式转化,形成最稳定的共生系统。

3)村民与管理者共生

管理者包含了政府、旅游管委会、生态保护机构等,是乡村景观综合价值实现的代言人。政府主要通过法律法规、相关建设规章政策、资金投入、基础设施建设、组织管理景观营建等来进行景观的控制,协调、规划、激励景观中核心主体的利益分配,因此是共生系统中的主要调控者。管理者与村民的博弈主要体现在资源利用、景观风貌等多个方面。

管理者需要有一个开明的态度、开放的眼界,尊重村民的意愿、设计者的专业判断,并配合景观营建的进行,积极调整完善相关政策进行秩序管理,避免市场化和行政意识下的景观导向;对于旅游企业,管理者要规避其垄断经营、资源过度开发等问题;对于村民,管理者需要通过说服、教育、引导的方式,开展宣传与普及教育,提高村民的自身素质和自主建设能力,更主要的是要将村民纳入整个经济收益的分配体系之内,着力解决村民的"可持续生计"问题。

此外,乡村景观的面目并不意味着在一个时期建设完成之后就固定了,而是一个村民与景观之间在生活中相互塑造、持续演进的过程。不管是乡村的建筑,还是环境、设施,在很大程度上更需要依靠后期的管理与维护,尤其在发展旅游的乡村。缺乏管理的乡村很容易在利益面前失去原则,造成"公地的悲剧",因此"精细管理"更为重要。"精细管理"不是吹毛求疵,片面追求精致,而是从细微处着手,较为全面地杜绝一些乡村陋习,形成较好的乡村行为习惯,如垃圾收集等环境卫生习惯等,以控制景观营建向既定的目标发展。由于村庄类型多样,除了一些政策法规,各村庄可集合民意,形成适合于村庄实际情况的"乡规民约",从日常行为角度对景观的维护进行管理。

7.1.3 利益主体视角下的共生环境

共生环境是指共生关系存在的外部条件,共生单元以外的所有因素总和构成了共生环境[①]。在村民—旅游企业、村民—游客、村民—管理者单元之中,共生环境包括了法律法规、市场环境、乡村景观资源的现状、乡村景观的营建方法等多方面的情况。其中,作为以上利益的平衡者和协调者,从主体角度,专业人员构成了重要的共生环境。

专业人员指乡村建设中的规划、建筑、景观等设计人员。以建筑师为例,专业人员的作用不仅仅停留在技术指标与使用功能的实现,还担任着利益平衡、村民集体意志表达以及地方传统建筑文化延续的重要使命。王冬指出,在建造共同体内诸多的社会力量当中,建筑师利用自己的知识、视野、技术,参与设计的全过程,是各方面利益相关者(包括建筑师自身)意识与愿望的集中表达者。"建筑师的认识及观念相对村民主体应该是高屋建瓴的和更加专业的,但在村落建造工作中却应该扮演配角,建筑师应该在村落营造中做很多引导性工作并发挥自身专业的重要影响,但却不应该在村落建造过程中起'主体'作用,建筑师的设计与建造也不能完全替代村民自己的建造。"[②]设计者要采用一种"交互的""斡旋的""引导的"工作方式[③],做一个沟通者、协调者与引导者。作为一个"沟通者",其任务是与村民进行不断地沟通、商讨、合作,了解地方民俗并学习地方传统的建造技艺。作为一个"协调者",其作用是

① 袁纯清. 共生理论:兼论小型经济[M]. 北京:经济科学出版社,1998:8.
② 王冬. 乡村聚落的共同建造与建筑师的融入[J]. 时代建筑,2007(4):26-31.
③ 王冬. 乡村聚落的共同建造与建筑师的融入[J]. 时代建筑,2007(4):16-21.

改善、平衡各种力的关系,建立对话平台,维系社会公平,采用有效的方法引导各方矛盾不断平衡、目标差异不断缩小,从而使不同利益者对景观的诉求达到比较理想的状态。这些诉求包括建筑师自身的专业追求以及村民、管理者各方的利益诉求。作为一个"引导者",其作用是利用自己的专业知识,引导村民文化自信与自强,即"如何选择与自己生活、生产力条件、文化相适合的技术,如何用文化的武器来改造这些技术以为自己所用,如何延伸、改良、生成自己的现代居住与营造文化及其话语并与外界平等的对话"①。幸运的是,实践中已经有许多专业人员身体力行,如谢英俊在台湾、四川的"协力造屋",王东在云南孟连、王小东在新疆阿霍街坊进行的改造实践等。

7.1.4 共生关系建立的基本原则

潜在的或候选的共生单元之间要形成共生关系,首先必须具有某种时间和空间上的联系,共生界面就是共生单元在给定的时空条件下相互共生关系形成的媒介;共生界面一方面为共生单元提供接触机会,另一方面一旦共生关系形成,就会演化成共生单元之间物质、能量和信息的转移传递通道,即共生通道,这种通道的存在是共生机制建立的基础②。结合以上思想,我们可以设定,在乡村景观营建中,专业人员的工作在一定程度上就是对共生关系进行的操作,以实现信息、能量沿既定目标的传递,从而引导系统的共生关系由冲突、分离转向平衡、和谐。

共生关系的建立途径包含了时间、空间两个层次。从空间上来说,主要途径是实现景观资源与利益的共享;从时间上来说,景观资源应实现循环利用从而走向长远利益。如何采取一定的空间、时间策略以获得旅游与生活的平衡,我们可以从旅游学科里对居民影响的感知研究中,获得一些启发。卢松指出,任何一项旅游发展计划或规划的可行与否、实施可能性大小与当地社区居民的态度密切相关,正如加拿大旅游专家、社区规划的倡导者墨菲(P. E. Murphy)所指出的"在开发和规划不能与当地的意愿和能力相符的情况下,抵制和仇视的行动将会提高企业的成本,甚至会毁坏旅游业的发展趋势"③。在旅游学科众多研究中,Faulkner通过研究曾给出了影响居民旅游感知因素的模型,对面向旅游开发的乡村更新有较大借鉴意义(图 7.3)④。他认为,旅游发展阶段、长期居住、较低的游居比、较低的季节性以及村民参与旅游等要素对村民对正面感知旅游有较积极的作用。根据其研究,我们可以归纳出实现旅游与生活平衡的几个要点。

① 王冬. 尊重民间,向民间学习——建筑师在村镇聚落营造中应关注的几个问题[J]. 新建筑,2005(4):10-12.
② 袁纯清. 共生理论:兼论小型经济[M]. 北京:经济科学出版社,1998:23.
③ 卢松. 旅游地居民对旅游影响感知和态度的比较[J]. 地理学报,2008,63(6):646-656.
④ B Faulkner ,C Tideswell. A Framework for Monitoring Community Impacts of Tourism [J]. Journal of Sustainable Tourism,1997,5(1):3-28.

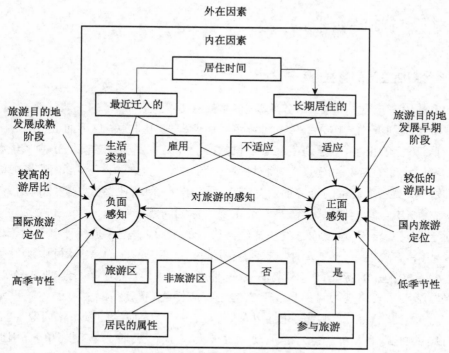

图 7.3 影响居民旅游感知的因素

(图片来源:B Faulkner ,C Tideswell. A Framework for Monitoring Community Impacts of Tourism [J]. Journal of Sustainable Tourism,1997,5(1):3-28.)

1) 低游居比

游居比是指游客人数与当地居民人数的比值,保持较低的"游居比"有助于减少旅游活动对当地村民的日常生活产生的影响。反映到空间上,较适宜的做法为在保持较低的"游居比"的基础上,注意游览设施的规划与选址的合理性,将游客的主要活动范围控制在较小规模和相对集中的区域,使旅游主体空间与村民生活空间适度分离。

2) 低季节性

低季节性主要是指景观资源不受旅游淡旺季的限制,而在时间上获得高效的循环使用。比如旅游服务设施的后续维护问题,要维持较高的使用率,这些设施就不能仅依托游客,反而必须同时依托社区日常生活。下文所提及的产住空间混合模式、公共设施的共享等就是针对该原则提出的具体策略。

3) 本地人所有

本地人所有是指本地人参与旅游的经营。当地村民的参与和受益,是游客与村民之间能量得以传递的通道,否则,无法实现游客与村民的协同,也无法实现旅游企业与村民之间的和谐共存,这也是乡村生活最终成为景观,并维护乡村景观真实、质朴的保证。

下面将结合案例,指出如何在游客活动与村民日常生活之间、在旅游企业与村民的关系之间,寻求资源、利益的共享与平衡途径。这是共生模式导向下,以时间、空间构筑共生界面的方法尝试。

7.2　村民与旅游企业的共生

7.2.1　乡村商业设施的特征分析①

作为乡村第三产业的商业、服务业要素，主要存在"自上而下"的正式经济、"自下而上"的非正式经济两种模式。作为一种乡村特色的商业模式，由村民"自下而上"而产生的"非正式经济"有着坚实的根基，顽强地生存于乡村的产业环境中，同城市化的、正规的经营活动有着本质的不同。在旅游经济背景下，面对村民不断自发扩张的"非正式经济"带来的各种问题，面对政府以及外来资本的进驻而对其产生的冲击，该种商业模式该何去何从，该如何发展，该如何在物质空间上加以引导，是本节主要讨论的问题。

相对于政府主导的、自上而下的正式经济模式的生成，非正式是一种自下而上的自发式生长的模式，具有规模小、形式简单、灵活、随机的特征②。一般而言，乡村中所发生的商业经营活动具有非正式的特征，而"农家乐"是这种形式的主要代表。在旅游业背景下，乡村的农家乐经营活动主要体现为村民自发形成的土特产销售、餐饮、住宿等活动，这些活动以家庭为单位，并不受政府以及制度的主导以及监管。相对于大而全的城市化商业经营，对于普通的乡村居民而言，乡村非正式经营活动相对规模较小、经营较为方便简单，也因此门槛较低、自由度颇高，有助于村民就业与收入提升。而正是因为以家庭为单位，这种经营模式与乡村生活联系紧密，能为乡村经济带来灵活、多元的特征，以及更丰富的生活活力，是富有"乡村性"特质的经济活动。

当然，在旅游业背景下，乡村非正式经济活动也往往存在以下问题：

（1）品质较低，接待能力较差：由于分散、小规模的家庭自主经营，设施不完善、级别较低、功能简单、卫生状况不佳是乡村中普遍存在的问题。

（2）对公共资源的占用：基于扩大规模的需要，村民在经营活动中往往将公共空间的一部分纳入自己的区域，进行违章的搭建与加建，如前文中所提及的黄岗村农家乐就将周边的山体水系均纳入自家经营的扩建范围。由于监管的高难度以及村民经营的实际需求，这种行为会在默认下不断地扩张，给村落的生态以及景观带来较大的影响。面对上述矛盾，管理者与设计者似乎一下子很难找到较好的处理方法。

（3）产住功能的复合对家庭生活的干扰：以家庭为单位进行的农家乐活动，往往依赖自家的房屋、院落进行经营，在功能上呈现出产住混合的状态，这是村民从事经营的实际需求，但会对家庭日常生活尤其是老人和小孩的活动造成影响。

基于乡村非正式经济的方便和灵活的特性对于众多普通村民的积极意义，乡村非正式经济有其存在与维护的必要。当然，在旅游业背景下，非正式经济的发展也会对乡村的生态、生产和生活产生一些负面影响，需要管理、规划、设计多方面互相协作、妥善解

---

① 部分参考于贺勇，马灵燕，郎大志.基于非正式经济的乡村规划实践与探讨[J].建筑学报，2012(04)：99-102.

② 张为平.隐形逻辑[M].南京：东南大学出版社，2009：97.

决。在此我们主要从规划设计的角度，就可能实现乡村非正式经济良性发展的空间策略进行探讨。

7.2.2 乡村商业设施的规模控制

控制商业设施的规模有两层含义：首先是对大而全的商业模式与规模的控制；其次，鼓励以家庭为单元的非正式经济模式，但同样对其规模的发展进行控制。

与非正式经济相对的是一种相对大而全的"正式经济"模式，其主导一般为政府或外来资本。一般来讲，大而全的商业模式由于品质较高、接待能力强，会产生聚集、广告效应，并吸引更多的游客。但这种大型商业倘若规模过大，会因为上述优势对乡村中小规模的非正式经济的生存空间产生较大的冲击，甚至导致部分经营难以为继。其结果一方面导致"乡村性"的削弱，另一方面还将很大一部分的村民排除在旅游收益受众之外。如一些外来资本依托资金和技术优势，采取圈地的方式，在乡村风景优美之处建设大规模的休闲服务接待设施，虽然村民暂时获得了土地补偿，但从长远来看，村民在旅游收益的发展上已失去了更大的空间。因此，这些规模相对偏大、配置相对完善的正式经济，必须在控制其较小比例前提下予以适度发展。

对于非正式经济，我们持鼓励态度，但对其规模扩张应同样予以控制。因为长远来看，在某种程度上，相对于经济收入的提高，维持质朴的乡村景观特质更为重要。在临安太湖源景区的白沙村 ，为扩大经营，用于经营的农家乐面积已经远超出农家日常居住的面积，并且很多农家乐已经远远超出了"农家"的尺度，如同城市旅馆般的建筑体量令人咋舌，打破了原有乡村同自然山水之间的尺度协调，也给乡村的生态环境带来过多的压力。此外，从旅游经济的拉动力来看，如农家乐的规模不断扩大，村民们进行农家乐经营的收入足以代替传统农业经营的收入，会加速村民脱离传统农业活动而"弃农从商"，甚至一些村民直接将经营权转让给外来租户以获取收益，这必将导致乡村景观商业化氛围的蔓延、乡村性的弱化以及生态环境的破坏。以梅家坞为例，作为杭州最大的正宗龙井茶生产基地，外来经营者承包的农家茶馆已达 60％至 70％，作为当地"茶文化"载体的当地居民集体淡出，使"茶文化"品牌仅仅成为了一张标签，游客无法看到茶农的生活原态，感受不到茶文化的魅力，乡村旅游品牌价值慢慢地流失，形成了新一轮的"公地悲剧"[1]。

因此，旅游商业的开发与经营模式维持在"小规模经营、村民参与、本地人所有"[2]的模式，具有积极的意义。小规模经营利于村民的进驻与经营，可以避免乡村大规模商业发展带来商业生态的失衡，避免乡村经营的盲目扩大带来乡村性的降低以及过多的环境生态压力。同时，村民参与并从中受益，是使产业以景观的方式融入乡村地方生活，从而维护乡村景观真实、质朴的保证。

---

① 池静，崔凤军. 乡村旅游地发展过程中的"公地悲剧"研究——以杭州梅家坞、龙坞茶村、山沟沟景区为例[J]. 旅游学刊，2006，21(7)：17-23.

② Brohman J. New Directions in Tourism for Third World Development[J]. Annals of Tourism Research，1996，23(1)：23.

7.2.3   乡村商业设施的差异性打造

凸显商业设施的差异性与舒适性,可以满足旅游者的多元需求、提升乡村吸引力的需要。一般旅游者对乡村旅游景观及其原生态文化的要求具有两面性:一方面,游客希望体验真实的、与城市旅游有差异的乡村文化、饮食、风俗、景观等;另一方面,游客无法容忍乡村在基础设施、卫生状况、舒适程度等方面的落后。也就是说,游客追求的反向性是有限度的、相对的①。因此,在适度发展相对完善的旅游商业如旅馆、餐饮的同时,对大量非正式经济下的旅游商业设施需要既保持农村环境与城市的差异性和乡土性,又要能够适度满足游客对旅游品质的需求。具体说来,在设施级别上不能盲目地追求豪华和现代,在形式上应结合村落的自身特点,宜采取小规模、乡土、多功能、综合设置、社区参与的方式。如在新沙岛新沙村,采用了多种级别的服务设施形式,在村落入口处设置了一个级别较高的度假酒店,在聚落中设置多处"星级民宿",并划定帐篷露营场地。多种服务形式迎合了不同旅游目标的游客的需求;此外,农家乐星级评定激励村民在差异性的基础上提高旅游服务的舒适性,增加农家乐民宿的吸引力。

7.3   村民与游客的共生

旅游型乡村的景观使用者主要有村民、外来游客两类人群,作为村落的"内在者"和"局外人"而存在。瑞士拉沃乡村景观、产业、旅游业一体化发展的经验告诉我们,乡村建设的目标是为了使"内在者"的生活更加舒适、丰富,而乡村旅游是一种途径,当经济发展到一定水平之后,"内在者"很有可能变换发展的"途径",使乡村重新完整地回归村民生活。乡村旅游的发展应对村民的主体性有清醒认识,乡村存在的初衷并不是旅游活动,而是由居住者创造、使用,用于生活的环境空间。基于此,本着前述"低游居比、低季节性、本地人所有"的基本原则,接下来从公共设施协同建设、宅院单元的产住平衡两个方面进行相应策略的探讨。

7.3.1   公共设施的协同建设

乡村旅游经济转型之下,村落层面的职能将更加混合多元,对公共设施的系统完善提出进一步的要求。如更充分的交通、住宿、接待、深度体验等服务设施等。那么如何使乡村融合更多的服务型空间,既能方便游客、村民,又能够使村民拥有相对安静的生活空间?公共设施的协同建设就是相应的设计策略,包括了"产住协同"和"快慢协同"两个方面。

1)产住协同

空间上的"产住协同":空间层面的产住协同是指产、住空间的适度分离与共享。具体地说,为满足旅游与生活的双重需求,村落空间首先面临功能植入与结构重组的任务,而形成适宜规模与结构的公共设施是该任务的基础。公共服务设施包括村委会、村民活动中心等社区服务功能,在旅游业背景下也增加了旅游服务的功能需求。对居住组团与公共服务设

---

①　吴殿廷,张艳,王欣.论反向旅游[J].桂林旅游高等专科学校学报,2005(6):10-13.

施规模与结构的界定,就基本决定了村落的整体格局。为减轻旅游活动对村民生活的影响,较适宜的做法为:将所需服务设施综合,选择邻接居住组团的区域规划相对集中的场所,形成居住组团与公共服务组团适度分离的布局结构,并控制公共服务组团处在一个较小的规模;在公共服务组团设置旅游服务、村民日常服务的场所,实现设施共享,既能够方便村民、利于服务设施的维持,又能够以此作为旅游服务与生活组团的过渡,从而使村民拥有相对独立与安静的小环境(图7.4)。

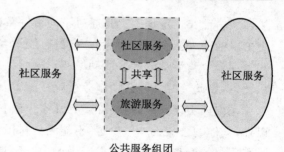

公共服务组团

图7.4　公共设施的协同建设模式

(图片来源:笔者自绘)

如课题组在金华磐安县白云山规划中,在延续自然脉络基础上,综合旅游发展目标和村民生活的需求,将白云山生活聚落分为既有住宅区(更新)、新建住宅区(新建)、休闲旅游区(功能置换)三个不同区域,并以此为基础白云山形成了"主街""多组团"的聚落结构。其中,"主街"位于休闲旅游区内,指由村庄中心区一些颇具特色的三合院住宅形成的街巷。村委会拟通过自主修缮、村集体经济收购后改造、引进外来资金联合经营等措施,将其逐步改建成满足休闲旅游、养生度假的场所,包括餐饮、住宿、养老院、

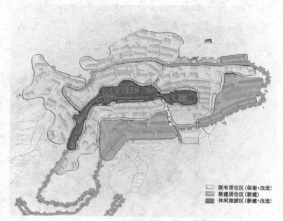

既有居住区(保留+改造)
新建居住区(新建)
休闲旅游区(新建+改造)

图7.5　白云山村总体格局:产、住相对独立的多组团结构

(图片来源:课题组)

茶馆、活动中心等,形成一个紧凑的、相对集中且保持在一个较小规模的旅游服务与社区服务区域①。"多组团"指周边原有的和拟新建的住宅在道路以及街巷空间的划分下,围绕村庄"主街"组织成一个个具有相对明确边界的居住组团。如此结构与分区使游客与村民的日常活动空间得以适当划分,又能够使村民可以共享到位于中心处的各种服务设施(图7.5)。

时间上的"产住协同":专为旅游配置的空间与设施会在旅游淡季时闲置,这对于本来空间规模就不富裕的乡村而言是一种资源的浪费,倘若能以相对灵活的方式实现旅游与生活的共享与平衡,无疑是一种两全的策略。公共服务设施的"复合、重叠"使用就是这样一种共享策略,其做法是通过共时和错时利用,充分填补剩余时间来实现设施的最大使用效率。一般而言,旅游活动具有一定的季节性特征,为避免为游客所设立的一些服务设施使用的"冷热不均",将这些空间与设施的使用充分地融入村民的生活需求,实现旅游与生活在不同时段对设施的复合使用,是实现资源最大化利用,并有利于村庄集约发展的有效途径。白天游客集中的旅游活动中心,晚上有可能是村民饭后休闲运动的场地,也可能是村民集会的会

---

① 贺勇,马灵燕,郎大志.基于非正式经济的乡村规划实践与探讨[J].建筑学报,2012(04):99.-102

场。"复合"在一定程度上是通过不同事件重构空间意义的措施。如鄣吴村的扇子博物馆就是由以前的大队部改建而成,是向游客展示乡村扇子文化的旅游场所,同时,也是村中的少儿暑期夏令营活动的社区活动场所。这两种功能,前者有"静态"的展示,后者有"动态"的生活场景,如此"动静皆宜"使服务设施在旅游、村民的公共生活中均充分地发挥了作用。

在白云山规划中,村中除了有几家小店和一座占地面积为 100 m² 左右的村委会办公楼以外,其他的公共设施较少,尚不能满足村民的生活需要,旅游的需求更无从谈起。通过对既有现状的调查,我们发现白云山的中心区具有一些颇具特色的三合院住宅、闲置的祠堂等建筑,具备保护性更新的条件与可能性。因此,规划将这些建筑的更新同公共设施的完善相结合,对于村内闲置的祠堂进行保留,小学则拆除建设成小型旅馆,同主街上由三合院合成的休闲娱乐设施一起作为服务设施,兼顾游客游憩与村民的需要。对中心街巷处既有的长条建筑(原村民大会堂)进行改造,除部分改成青年旅舍外,还设置村民娱乐中心、卫生服务站、老年活动中心等,以此基本满足村民日常生活的需求(图7.6)。

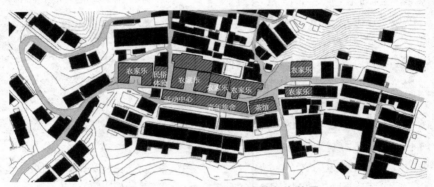

图 7.6　白云山村公共设施的复合使用

(图片来源:课题组)

2) 快慢协同

"快慢协同"指的是通过快行、慢行交通结合,实现旅游交通游览和日常生活出行需求的共生。一般而言,旅游业的发展使更多的游客借助机动车辆进入乡村,车辆的频繁往来、停车抢位等都严重影响着乡村的日常生活。以梅家坞、青芝坞为例,整个村落格局都是沿一条主要道路发展,游客、村民的日常活动交织,每到假日,村落拥挤喧闹,村民则苦不堪言。因此规划应在村落可达性提升的基础上,以"慢行交通"的方式组织交通,尽量减少机动车交通对村民生活的干扰。在条件允许的情况下,宜结合原有村道,在村落外缘形成便捷的机动车环线。除了主要的车行交通外,村落内部不建议通车,而是在原来道路街巷的整治基础上形成"慢行"系统,使机动车与人行适度分离,从而维持聚落内部安全的日常生活。在乡村道路交通的设置中增加慢行交通的路线,能够促进乡村公共生活的展开,提高社区空间的品质与功能,增加乡村生活的吸引力。如在杭州龙坞,设置外围机动车环线以及内部的日常生活路线,使两个系统既独自成立又相互联系,有效避免了游客机动交通对村民日常生活的影响。在以上路线相对分离的基础上,设置不同的出入口也是一个较为实际的方法。

　　白云山坐落于山腰,对外交通为一条 5 m 宽的上山道路,内部交通是一些较窄的街巷和步行道路。在山地环境下,道路的错位交叉口、畸形路口较多,整体通达性和连接度都较低。由于交通不便,一些村民开始选择村落入口以及外围交通方便之处迁移。基于村民生活对道路通行的需求以及对街巷步行生活的保护,我们设置了外围日常通行用的"快行"环线以及临时停放车位,保留内部街巷形成"慢行"步道,两个系统既独自成立又相互联系(图 7.7)。并同时设置旅游、生活通勤两个不同的出入口,既方便了村民日常生活,又有效避免了旅游集散对村民日常生活的影响。

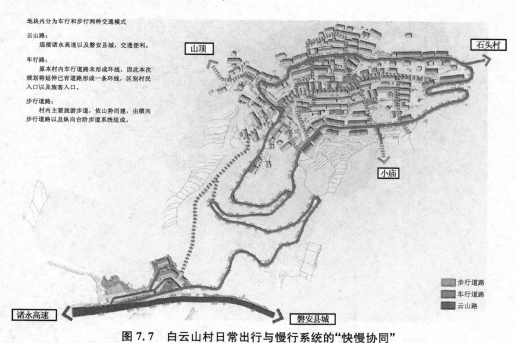

图 7.7　白云山村日常出行与慢行系统的"快慢协同"

(图片来源:课题组)

7.3.2　宅院单元的产住平衡

　　在旅游业发展下,村民利用自己的住宅开展出租、餐饮等活动,民居建筑有功能复合发展和生活品质提升的需求。在功能复合需求上,首先表现为院落空间由日常生活转换为日常生活与旅游服务功能并重;其次表现为建筑内部功能由原来的居住转变为餐饮、出租、居住的功能复合。

　　院落空间常常被村民转换为休闲经营性空间而不断向外搭建扩展,对此在设计中通过预留相邻片墙的方式,为搭建设定边界;对于建筑而言,其常规的模式:为一楼进行餐饮活动,二楼自住,三楼提供出租、住宿等,游客与村民共用一个出入口以及楼梯。这种功能上的改变实则是出于旅游发展的需要,但是给村民的日常生活尤其是老人和小孩带来极大的干扰。因此,在户型的设计中可引导村民,采用经营空间与日常生活空间相分离的"立体复合"模式,如通过室内外楼梯的组织,使各部分出入口和使用空间均相对独立,互不影响(图 7.8)。同时,该模式也很适合时间上的淡旺季转换,在旅游淡季,经营用空间可以方便地转化为村民日常生活的使用空间。

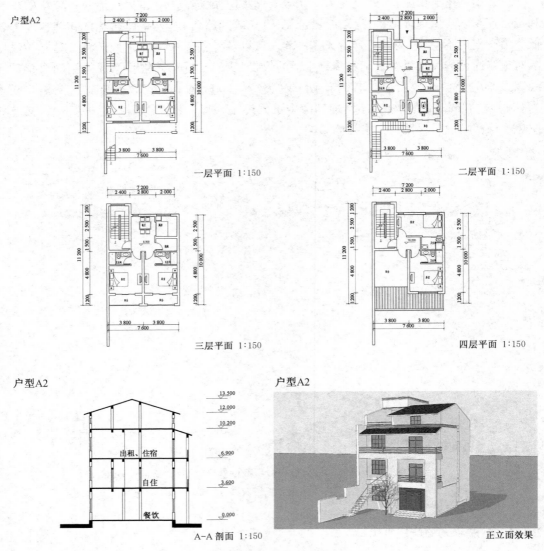

图 7.8　宅院单元的产住平衡模式

（图片来源：课题组）

7.4　村民与管理者的共生

以村民为主体的"自主建造"是乡村民居建造的传统，也是乡村聚落生活景观充满活力、多样性、创造性的内在机制。同时，自主建造是乡村社会关联新的增长点，是一个推动村民参与、自发、自觉、互助合作的家乡建设的过程，具有社会整合的意义。而在开展旅游的乡村，自主建造中如何不断扩大经营面积、如何使建筑特色吸引游客成为村民们最关心的问题。面对新的发展背景下自主建造带来的聚落空间建设的混乱无序，如何继续发挥"自主建造"的魅力同时避免风貌的混乱,从利益主体的角度,设计师面对的其实是管理者与村民的共生问题。

7.4.1 乡村景观整治的三种演进模式

随着社会的发展,当下浙江省乡村民居形式整体上表现为老房、平房、楼房模式并存,中式、西式风格并存,传统民居较少。这种格局的形成是乡村社会文化变迁的结果,但也常常带来整体风貌混乱的现象。在浙江省乡村的调研中,我们常常会看到大量以"尖塔、金顶"为代表的风貌协调度较差的"通俗"民居。乡村设计者对传统风貌的民居多持欢迎态度,而对大量的"通俗"民居则持不同的态度,采用不同的做法。那么,在风貌的整治中该以什么样的标准来协调不同时代、不同风格的建筑成为设计者面临的一个重要问题。这些做法总的来说可以分为单纯的传统外貌追求(抹杀差异、新旧统一)、适度整治、民居博物馆三种模式。对现存的不同的模式进行分析,总结其利弊,有助于为建筑风貌引导策略的提出理清思路。

1) 模式一:抹杀差异、追求统一风貌

体现为对民居风貌回归传统的单纯追求,设计者或管理者不能接受目前大量存在的"通俗"的民居风貌,而是以传统的建筑形式为样本对其进行风貌"装饰"。以三江口村为例,在整治规划中将民居统一为"白墙、灰瓦"的风格,并给大量民居增加"披檐""马头墙",在对传统风貌的追求之下,村落景观焕然一新(图7.9,图7.10)。然而,这种所谓统一的新颜更像是一种"一刀切"的"化妆运动",以穿靴戴帽方式回到古代,却无视当下的现状与环境,以为是实现了地域特色,实则带来了景观的异化。

图7.9 三江口村民居改造前风貌   图7.10 三江口村民居风貌整治方案

(图片来源:课题组)

2) 模式二:差异并存、适度整治

体现为对"通俗"民居的接纳态度,对其进行风貌的"适度"整治。以杭州白乐桥村为代表(图7.11),在整治中对普通民居态度有所转变,即整治并未以回归传统风貌为导向,而是保留了大量既有的民居原貌,在遵循村民意愿的前提下,以协调为原则,部分采用颜色、植被等方式进行整体风格的协调。如在安吉高家堂村(图7.12),民居的整治并未采用统一的白墙黑瓦,而是尊重村民审美意愿,保留了大量现有立面,丰富了乡村建筑色彩。整个村落不同年代和状况的建筑并存,在大树、植被的掩映下,倒也显得自然、安宁与和谐。

图 7.11　白乐桥村民居风貌现状

(图片来源:笔者自摄)

图 7.12　高家堂村民居风貌现状

(图片来源:笔者自摄)

3)模式三:民居博物馆

将具有典型特征的"通俗"民居原样保留下来,作为民居发展历史的见证。典型的案例就是在以西溪蒋村为原址的西溪湿地公园改造项目中,设计者就原样保留了部分"通俗"的民居供游客体验,我们姑且称之为"民居博物馆"模式。

以上三个案例反映了不同时期专家体系(包括设计者、管理者,甚至有时就是管理者行政意识的体现)对乡村整治的不同观念取向,不同做法带来了不同的景观结果。单纯的传统风貌追求模式似乎走向了一种"过度设计",而后两种整治模式则传递出一种信号,那就是对那些"通俗的民居"的接纳与认可——确实,这些民居虽然在外观上可能并不令人视觉愉悦,但是功能模式适用,形态差异多样,且是在一定的社会背景下演化的结果,是社会发展历史的见证。对此,难道就应该彻底掩盖与抹杀?

简·雅各布斯就城市多样化条件产生的论述时指出:"一个地区的建筑应该各式各样,年代和状况各不相同,包括一定比例的老建筑。"[1]我们认为,村落现有的建成环境以及日常生活所体现的多样性、差异性,可以被作为主要的物质、社会、文化资源看待,应作为我们理解乡村社会的重要线索,而不是未来发展的障碍。在这种"资源"观念下,民居建筑的"适度整治"就显得十分必要。在笔者看来,"适度整治"其实进一步强化了有机更新与村民主体的思想,即建筑风貌的引导应建立在尊重村民当前的生活和文化的基础上。对当前生活的尊重不代表一味地原样复制传统,而是应采取一种真实、包容的态度,认同此时、此地乡村生活所依存的建筑与空间,只要与当前的乡村生活、乡村环境相协调,只要本身有生命力,都应作为一种文化的景观得到人们的认同与尊重。比如,对于人们生产之余公共交流的活力空间以及那些量大面广的普通民居建筑,都是当下乡村社会生活演变的结果,只需稍加修正以使景观协调,实在是无需全盘推倒,或将其一味"化妆"为"传统"的面貌。这样不但是对资源的浪费,也必然导致景观的"虚假"与"变异"。

7.4.2 "导控+地方自治"的营建方法

在"适度整治"的理念之下,我们需要提倡一种"导控+地方自治"的建设方法,以实现以下目标:转换城市景观中自上而下的营建思维,激发村民的积极性参与,由政府引导、管控乡村自组织建设良性发展,推动乡村景观的平衡、有序转型。"导控+地方自治"指继续发挥村民"自主建造"的魅力的同时实现风貌的协调,满足村民真实的生活需求的同时又实现对乡土建筑文化的保护和传承,"导控"的有效途径是提取关键的景观"基本原型",以此为标准设定建设边界,指导村民的自主建设。

就一栋传统民居为例,其景观要素可大致分解为建筑形制、色彩、材质等方面,建筑形制又可分为平面形制、屋顶造型、正立面、山墙造型等。具体的技术方法为基本原型的分析与提取,输出控制菜单导则以及图则。地域建筑基本原型的分析与提取,是通过对村落建筑的历史演变阶段、现存建筑的调查分析,总结出能够代表村落特征又反映历史延续性的相关要素,从而为建筑整治的展开建立工作基础。当然,地域建筑提取的目的是要求一方面我们通过对建筑形制(平面形制、屋顶、立面、山墙)以及建筑色彩、材质、细部等要素进行具体分析、比对与提取(表7.1),总结出代表村落传统文化特征又有历史延续性的"建筑语汇",为村落建筑的风貌整治提供依据;另一方面,还要尊重当前村民的生活方式,在总体协调的基础上,选取适宜、可操作的方案对既有民居进行功能的更新利用。

① [加]简·雅各布斯.美国大城市的死与生[M].金衡山,译.南京:译林出版社,2006:170.

表 7.1 宅院层级的景观要素构成

平面形制	院落布局;平面布局;入口空间形式	
正立面形式	层数;有无阳台、过廊	
屋顶造型	平屋顶、坡屋顶(双坡、单坡)	屋面材质、色彩等
山墙造型	山墙形式	墙面材质、色彩等
细部	局部装饰,如门窗、图案、绘画等	

(表格来源:笔者自绘)

下文我们以浙江省金华磐安白云山村为例进行分析(图 7.13)。

图 7.13 白云山村总平面图

(图片来源:课题组)

1)形制分析与控制

在浙江省,各地的经济文化发展较不平衡,不同地域民居差异也较大。但总的来看,在传统血缘以及宗法礼制影响下,浙江省传统民居以院落式即三合院和四合院为主,外墙封闭,高度一般不超过两层;而在河边、陡坡之处的住宅,不能采用典型的院落式,组合方式就很自由,吊脚楼、披厦、夹层、错层等常常出现,整体外形优美①。从平面形制来看,浙江省民

---

① 陈志华.老房子・浙江民居[M].南京:江苏美术出版社,2000:13-17.

居建筑的平面格局主要体现为"院落""间"的组合关系,这是由于浙江省的传统民居"多是采用木质梁架承重,而平行并列式的梁架结构,确定了住宅的空间必以'间'为基本单元,进一步决定了整栋房子的空间格局,便是组成院落"①。当然,院落式形制的产生,除了平行并列梁架结构的空间特性所需,也有家庭生活私密性要求的原因。总的来看,全国的民居,包括浙江省民居在内,绝大多数是内向院落式,对外封闭。而各个地区,各有自己独有的院落式住宅形制,主要体现为"间"与"院"的数量、位置以及组合不同。从建筑形制的角度,我们可以从院落、屋顶、入口、立面等方面进行特色提取,从而输出建筑基本格局的形态导则。

(1) 院落形制提取(表 7.2)

表 7.2　白云山村民居院落形制提取

平面类型	三维示意图	典型平面图	典型照片	文字说明
				此类型为传统建筑原型最简单的变异的一种,变异方式为原型重复叠加,每两个柱跨为一户,主体建筑可以向两侧拓宽加建,最多达近十户排列
				此类型为"一"字形的一种变异,在一侧加建一到两个柱跨,房屋前面砌墙围合成开敞的庭院,主体建筑开间结构可根据实际需要往一边拓宽加建
				此类型通过主体两侧的一到两柱跨的围合形成庭院,一般不再砌矮墙,体量较小
				此类型为"L"型的变异,在村落发展过程中需要加建建筑,而主体部分不满足加建条件或者需要围合成更私密的空间时,即形成此类变体
				此类型为"凹"型建筑的变异,通过三个独立的建筑围合成一个"凹"型的院落

(表格来源:课题组)

(2) 屋顶形制提取(图 7.14)

(3) 入口形制提取

白云山村民居的入口形制可以归纳为四种方式,分别为:经台阶进入(A)、经石板连接进入(B)、经院落进入(C)、正常街巷入口(D)(表 7.3)。

---

① 陈志华. 老房子·浙江民居[M]. 南京:江苏美术出版社,2000:7.

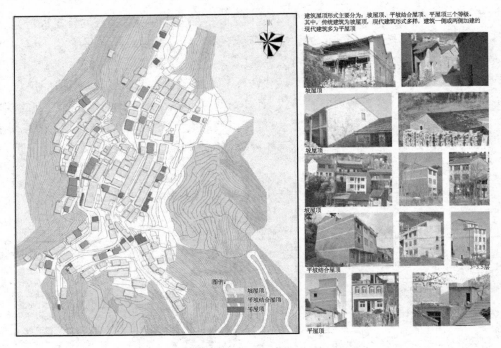

图 7.14   白云山村民居屋顶形制提取

(图片来源:课题组)

表 7.3   白云山村民居入口形制提取

(表格来源:课题组)

（4）空间形制提取（表 7.4）

表 7.4　白云山村空间形制提取

传统建筑原型分析						
	正立面	背立面	山墙立面	剖面	平面	基本单元三维示意
	基本单元正立面为木结构，两开间，由木结构柱进行分隔，垂直方向有明确的划分	背立面材质有泥土、卵石、砖等，开洞规则简单	山墙面一般为砖结构，并且在开洞上有一定的造型考虑，如上图所示	二层悬挑出一定的距离，和柱子形成连廊	平面上一般两跨一户即基本单元，楼梯布置在入口处，简洁明了	上图所示单体示意即组成在村落中常见的传统建筑的基本单元

（表格来源：课题组）

2）色彩、材质分析与控制

（1）色彩控制的意义

民居建筑对村落整体景观与山水环境关系的协调起着重要作用。体量、色彩、风格是建筑单体的主要构成要素。这几个要素对于村落整体景观的影响表现为不同尺度下的差异——根据人肉眼可识别物体的距离，在远景范围，村落整体尺度之下，建筑群体的体量和色彩对环境影响较大，而屋面、墙体做法、材质、装饰等细节影响非常微弱，主要展现为建筑群体体量、轮廓走势与环境背景的关系是否协调；在中观、微观尺度下，民居的样式、细部对环境的影响则起到主要作用。因此，在整体层面，应考虑村落的整体色彩关系，建筑要充当"配角"，在色彩上服从山水环境的整体要求，选用地方材质与淡雅色彩，体现地方特色，并与自然山水相协调。

传统村落建筑的色彩与材质主要根据民俗喜好和所处的地域特征而定。由于独特的地理环境，在人力财力的限制下，当地村民往往就地取材，传统建筑材料以砖、石、木材、夯土为主，而建筑色彩多遵循建筑材料的原始色彩。在浙江省，村落传统建筑色彩简单朴实、清淡朴素，以黑白灰为主色。也有一些房屋墙体夯土而成，此墙的颜色随土质变化，有黄色和浅紫色。

（2）色彩与材质控制的技术方法

具体方法为：为对村落的现状色彩、材质进行提取，结合自然山水环境的整体要求以及地方建筑特点解析，确定主体色调、主要选材。在此基础上，以相互协调为原则，辅以辅助颜色、材质，形成"整体协调、局部丰富"的效果，改变单一的视觉体验。以下仍以白云山村为例进行说明（表 7.5～表 7.8）。

表 7.5 白云山村屋顶色彩的提取与分析

	现状分析	色彩提取	色彩解析
赭红色系			从砖红到熟褐系列屋顶基本为 20 世纪 90 年代以后建成的建筑
深灰色系			传统风格的房子屋顶多采用深灰色,近年来新建的住宅中也有部分采用

(表格来源:课题组)

表 7.6 白云山村墙体色彩的提取与分析

	现状分析	色彩提取	色彩解析
白灰色系		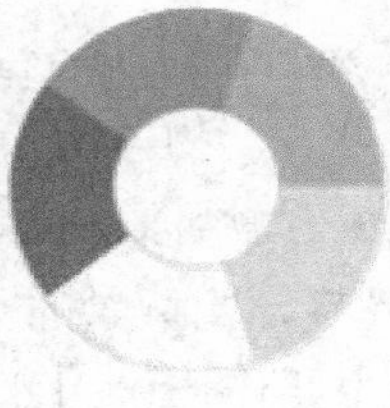	1. 传统房屋的墙体主要是涂料与面砖,发旧的灰白色构成了当下乡村的主色调; 2. 新建筑大多贴面砖和抹灰颜色为白灰色系
土黄色系		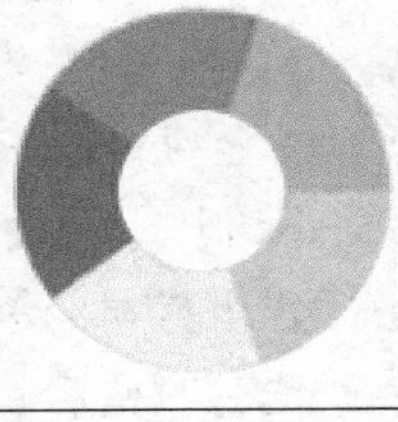	老房子中有不少夯土墙或外墙抹黄泥,于是土黄色也成为一种常见的颜色
砖红色系		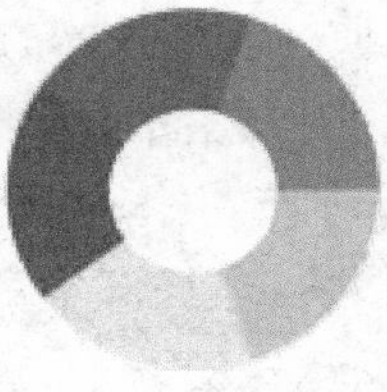	1. 砖砌建筑未贴面抹灰的颜色; 2. 新建筑贴面砖的颜色

	现状分析	色彩提取	色彩解析
其他色系	 		新建房子开始出现少量其他明度与彩度的色彩,摈弃彩度过高的色彩,提取低彩度高明度的系列色

（表格来源：课题组）

表 7.7　白云山村建筑材质的提取与分析

	现状分析	材质提取解析
屋顶		提取的合适的屋顶材质为:普及耐用、能够方便买到的材料,如沥青瓦、黏土瓦、琉璃瓦等
墙体		提取的合适的墙面材质为:普及耐用的材料及具有地方特色的天然或半天然材料,如木材、涂料、低彩度面砖、石块、砌块等
细部		提取的合适的细部材质为:普及耐用的、具地方特色的天然材料,如门窗的竹、木、钢、铁等材料及屋顶木结构

（表格来源：课题组）

综合以上的分析,最终形成色彩与材质的整治导则如下(表 7.8)。

表 7.8　白云山村色彩与材质的整治导则

色彩与材质图例			解　析
屋顶			在建筑形制上优先使用地方风格的坡屋顶形式;在色彩上使用中高彩度、低明度的材质与色彩,以深灰色、暗红、熟褐色为主。在材质上使用亚光材质如沥青瓦、黏土瓦、琉璃瓦等
墙体			主墙面在色彩上使用低彩度、高明度的色彩,以白色为主,可辅以灰色、灰黄色;在材质上宜使用地方材料,如木材、涂料、低彩度面砖、石块、砌块等,并注意材质的搭配和谐统一
细部			局部如勒脚和基座可采用低彩度、低明度的色彩;门窗可使用竹、木、钢、铁等材料及屋顶木结构

(表格来源:课题组)

3) 白云山村细部分析与控制(表 7.9)

表 7.9　白云山村的建筑细部控制与分析

	推荐做法			不宜做法
民俗			无根	
简洁			烦琐	
协调			不协调	

(表格来源:课题组)

4）确定整治模式，以及分类引导细则

通过以上形制、色彩与材质、细部分析地域建筑特色的分析与提取，能够总结出代表村落特征又反映历史延续性的相关要素，为建筑整治的展开提供依据；从而可以根据现场详细的入户调查，对建筑的整治模式进行明确，并确定分类引导细则。

（1）整治模式划分：对村民的整治意愿进行调查，在既有建筑风貌的分类基础上，对现状建筑的质量好坏进行分类。一般可分为：①原状保留：指建筑质量较好，建筑外观与环境较协调的建筑；如一些新建的以砖和混凝土为主要材料的建筑。②改造与修缮：指结构保存完整，建筑质量较好，但建筑外观在体量、风格、尺度、色彩上与环境不协调的建筑；或是建筑结构与维护材料老化和局部受损，但建筑质量尚可的建筑。可综合进行立面色彩、材质改造与质量的修缮。③拆除：建筑结构、维护材料已经严重老化或破损严重，将近危房的建筑。一般以土和木结构建筑为主。

例如，在白云山中我们根据建筑的现状质量划分了好、中、差、危房四种类型，在此基础上划分整治模式，并将其分为原状保留、改造与修缮、拆除等几种类型。

（2）不同类型建筑的整治导则如下表（表7.10）。

表 7.10　白云山村既有建筑整治导则

现状	改造途径	改造建议
传统风貌民居 	1. 清理附房，还原建筑本体原始的空间关系； 2. 对建筑质量较好的传统民居，按照"修旧如故""原真性"的原则，对屋面、墙体、台基等部位进行防潮、防漏、防腐等处理，对局部缺损部位进行修补更换，修缮材料应尽量与原有材料、规格相同，色泽相仿，最大限度地保存其原真性； 3. 在不改变外观特征的基础上，在建筑内部增加卫生、空调等设施，改善其使用功能； 4. 对传统民居的院落环境加以综合整治，修整院落铺装、补充绿化，使其焕发生机	

	现状	改造途径	改造建议
生土农宅		1. 质量尚可的,加以修缮;少量可转化为文化或公共设施予以保留(如四棵树节点的茶室由生产性建筑仓储用房改建而来)。 2. 质量较差的,结合村民意愿,予以拆除	
现代风貌		"适度整治"为基本原则,主要内容包括: 1. 对裸露、破损墙体应采用与原建筑相同或相似的材料修补; 2. 整合建筑组合的材质和色彩,使建筑材质和色彩与周围建筑融合; 3. 将部分平屋顶改造为坡屋顶; 4. 墙面以白色为主色系,允许部分建筑外墙采用"浅黄、暖灰"等色调,形成整体景观协调,局部丰富变化的效果; 5. 对院落环境加以综合整治,修整院落铺装,补充绿化	

(表格来源:笔者根据课题组资料绘制)

7.5 本章小结

　　基于乡村利益主体的多元化现状,本章将共生原理应用到乡村景观营建的整体方法中,进行利益主体关系协调的尝试。针对性地建构了村民与旅游企业、村民与游客、村民与管理者三个主要的共生单元,分析各单元之间的现状关系、共生条件,探讨不同作用力之间协调与平衡的景观策略。其中,村民与旅游企业的矛盾在很大程度上表现为经济利益的分配,延续传统乡村"小规模、村民参与、本地人所有"的经济模式,凸显商业形式的差异性是实现二者平衡的良好途径。村民同游客的矛盾在很大程度上表现为"住"与"游"在景观资源上的竞争,因此公共设施的协同建设、宅院单元的产住平衡是协调以上问题的相应探讨。村民与管理者之间的矛盾主要体现为风貌控制与自主建造无序的矛盾。在一定"导则控制"的范围下,给村民留出能够"不受完全控制"的空间,发挥村民"地方自治"的主体性与创造性,是使乡村景观在整体协调中,重新获得活力、多样性、创造性的重要机制与方法。

8 结语:走向整体的乡村景观营建方法

从社会主义新农村建设序幕的拉开,到美丽乡村、新型城镇化、全面小康等一系列发展目标的提出,乡村建设已经成为我国现代化建设进程中的重大历史任务。在此倡导之下,作为各种自然和生物过程、历史和文化过程以及社会和精神过程发生并相互作用的可操作界面[①],景观已经越来越引起研究者的重视,并成为当下乡村振兴的重要途径。在大力倡导的宏观政策背景之下,乡村可持续发展的建设理念人人皆知,然而对于许多乡村,从哪个角度切入,如何具体操作与实践,却依然是个问题。

"乡村景观营建的整体方法"是一个方法体系,是以景观为切入点,力求化零为整,系统地将乡村的可持续发展转化为具体可操作的策略与方法的研究。其核心思想是关注系统构成因子的协调、平衡与共赢,力图以实现系统的整体效益而不是单项效益为营建的最终目标。研究结合浙江地区案例,在新的产业、社会转型背景下,以问题为导向,整合多学科的知识,提炼出内容的系统性、过程的控制性、景观格局的生态性以及利益主体的共生性四个模块,并进一步探讨具体可操作的规划策略与方法,以实现乡村人居环境健康、可持续发展的根本目标。

对乡村景观营建整体方法的探讨来自于对当下乡村建设现象与问题的反思。当下许多乡村的建设还是过于关注形体、空间等要素,还是有意无意地停留在抽象构图、视觉美化等方法,导致原本真实、质朴的乡村景观异化为资本与权利导向下的布景与符号。而当前乡村的实际情况已经出现了一些根本性的变化,如城乡一体化建设的新格局、经济社会转型之下乡村职能的转变、乡村建设中越来越多的利益主体影响等,这些变化提醒我们应该重新定位乡村景观的内涵,思考景观背后的意识形态与价值取向,重新发展相应的建设理念与方法。

乡村景观的重新定位是由一种对土地及其之上的生活、生产的态度决定的。当我们到达一个村庄,由远及近,由广袤田野到一栋房屋、一棵植物仔细观察的时候,你会发现他们其实都在反复诉说着与这块土地之间的关联,这包括了人与自然之间以及人与人之间的关系。乡村就是这样一个生命系统,经过长久的自然演化,有其自身的合理逻辑、严密构造,从而获得丰富的地域性特征。因此,良性、健康的乡村景观是建立在地方自然生境、经济生产、居住生活三部分有机融合、相互支撑之上的有机体,它们之间的相互依存与彼此对应才使得乡村具有了真实、质朴的品质。新的经济社会背景之下,以自然生境、经济生产、居住生活有机关联为基点的景观系统研究是乡村景观整体营建方法的认知基础。

在此基础上,我们提炼出一套具有普适性的整体营建方法,包括内容的系统性、过程的控制性、格局的生态性、利益的共生性四个部分。这是一套完整的体系,充分涵盖了乡村景观营建的各个环节,各个部分之间相互关联、相互支撑。其中,有发展策略、实施策略、规划

---

① 俞孔坚. 生存的艺术:定位当代景观设计学[J]. 建筑学报,2006(10):39-43.

设计策略,有村域、村落、宅院不同的空间层级,有自然生境、经济生产、居住生活的系统要素,有人地关系、人人关系的协调与平衡探讨,其体系的完整性为有效推进乡村建设活动提供了充分的支撑。其内容和机理具体解释如下。

第一,营建内容的系统整合。研究将营建内容界定为"城乡统筹下的自然生境—经济生产—居住生活的系统营建"。系统论的整体性、等级结构、关联性、动态平衡等原理,有助于我们认识系统的特点和规律,是我们研究景观系统所立足的基本思路。营建内容的系统性在发展定位上重视城乡统筹,在空间层级上体现在"村域、村落、宅院"不同尺度的综合,在要素上体现"生境、生活、生产"之间的有机支撑。这一方面是由乡村自身村域、村落、宅院之间关联的密切性所决定的,另一方面乡村的经济社会发展是乡村振兴不容忽视的基点,而村域层级、产业要素的发展在以往乡村建设的内容中处于被大体忽视的状态,整个产业系统对村庄景观空间的动力作用远远未被激发出来。基于此,乡村建设要将乡村景观塑造同经济社会的振兴发展联系起来,探讨提供创造村民就业机会的可能途径。其中,以不同空间层级的产业要素为切入点,通过"产业景观化"的理念与策略,为合理开发、拓展与提升产业要素的景观价值打开了思路。此外,在基于"地方性"的生境、生活、生产的"联动"发展的考量下,村庄的建设定位、目标、发展原则有了进一步探讨的可能。

第二,一套可操作的过程营建程序。从实施策略的角度,研究将乡村景观营建界定为过程导向的设计方法,建立了"信息采集—信息分析与处理—目标确定—多方案提出—信息反馈—成果输出"的开放体系,以景观的综合价值为目标、以过程为导向、以动态循环为特点,以控制论的"信息反馈"原理为理论支撑。"过程营建"是对乡村既有营建程序的修正,强调以"发现问题"作为设计的起点,而非专家系统根据任务书直接提出解决方法,或是追求一张美丽如画的形式图景——面对复杂的乡村问题,这种只见结果不见过程的"线性"设计方法缺乏可操作性。作为起点,"发现问题"包括两个步骤,即一套有效的信息采集系统和一套有效的信息处理与分析方法。着重于充分组织客体要素信息、主体要素意愿,关注具体问题、具体生活需求,明确限制约束。过程营建需要设计师提出多角度的问题思考方案,这包括了发展目标确定与多方案的提出,能够最大限度地推进景观利益公平。同时,要将多方在不同阶段充分的"信息反馈"(尤其是村民参与)作为一个必经的过程和程序,设计师则学会如何控制和改变设计过程,推动设计与社会学之间的联系,承担社会责任。最后,成果输出需要设计师留出村民自主性发挥的空间,即"村民参与",从而在专家体系、村民两者之间分配各自的责任,推动乡村景观的良性演化。

第三,营建格局的生态性。景观生态学以探讨景观结构、景观功能和景观动态作为主要内容,对于我们协调营建格局中的"人地关系"有独到的优越性;经济社会转型之下的浙江乡村主要面临利益驱动之下自组织建设无序化带来的景观破碎、环境污染等"人地关系"的失衡。基于此,从规划策略的角度,研究将营建格局的生态性界定为景观格局的生态营造与景观要素的生态治理;景观格局的生态营造主要从形态的角度,对地方特色的生态网络格局予以保护,并以此为骨架,协调安排村庄的基础设施、村落与宅院建设、与"山—水—农田"的空间布局关系,进而控制经济利益驱动之下村庄的盲目发展。景观要素的生态治理主要从资源利用与污废处理的角度,对水资源的循环再生和景观一体化利用进行了策略与技术方法的探讨。

第四，营建利益的共生性。共生原理探讨共生单元、共生模式、共生关系的基本原理，是使组织向更加稳定、更有生命力的方向演化的重要途径，从而为当前乡村多元主体利益的协调平衡即景观中的"人人关系"探讨提供启发。出于新农村建设中越来越多的利益冲突与操作的困难，人们也越来越意识到在技术理性之外的利益格局协调的重要性。当下的乡村中利益单元主要可分为村民与旅游企业、村民同游客、村民与管理者三组单元，各单元要素之间存在着相互依存、相互矛盾的关系，共生模式亟待向对称性互惠模式转化。村民与旅游企业的矛盾主要体现为经济利益的分配，乡村景观资源不能作为资本获取利益的垄断途径，而应尽量保持公正，使村民真正受益。延续传统乡村商业设施"小规模、村民参与、本地人所有"的经济模式，凸现差异性是实现二者平衡的良好途径；村民同游客的矛盾主要体现为"游"与"住"在空间资源上的竞争，公共设施的协同建设、宅院层级的产住平衡是针对性的策略探讨；村民与管理者之间主要体现为景观管控与自主建造的矛盾，承认差异性的意义与必要性，采用"导控＋地方自治"的方法是乡村景观重新获得活力、多样性、创造性的内在机制。

总的来说，乡村景观营建的整体方法并不是发明一套方法或策略，而是倡导向乡村学习，顺应乡村景观生命系统的内在规律与特征，在新的时代背景之下，通过具体场地、具体生活的认知与分析、资源价值的发掘与提升、利益的平衡与协调，以设计的眼光重新去发现、去改造，以新的价值观和方法论引导乡村景观在新的经济与社会转型时期健康、平衡发展。

"乡村景观营建的整体方法"立足于当下经济产业转型与乡村现实生活的需求，以问题为导向，提出应以一种系统、整体的观念与视角来把握乡村景观的内涵与发展规律。在此基础上，对乡村景观整体营建方法的概念进行了多维解析与整合架构，并结合有示范效应的浙江地区案例实践作为实证，从两个方面实现了创新。

一是以全新的视角，关注乡村经济社会变化之下引发的景观营建，思考景观风貌背后的意识形态与社会特征，重新理解乡村景观的定位，系统认识乡村景观同自然生境、经济生产、居住生活之间的关系，转变传统的过于关注形体空间的规划思路，引导乡村景观重归本真、质朴，实现乡村经济、社会、环境的健康平衡发展。

二是规划方法的整合创新：整合系统论、控制论、景观生态学与生物共生原理等多学科的理论与技术方法，提出乡村景观营建要从内容的系统性、过程的控制性、格局的生态性以及利益的共生性四个方面进行整体的考虑，建构了一套乡村景观整体营建的体系、策略与方法。整套方法体现出逻辑性、可操作性和开放性，涵盖村域、村落、宅院三个空间层级，可为今后的乡村景观可持续研究乃至城市景观的相关研究提供理论与方法基础。

尽管如此，研究仍然存在诸多的不尽如人意之处。例如，限于笔者的建筑学专业背景，研究集中在景观空间的层面，未能从更广泛的学科领域予以阐发。乡村景观的研究涉及自然生境、经济生产、居住生活等不同的层面，涉及社会、经济、治理等多方面的探讨，需要研究的内容广泛，也涉及更多的不同学科知识。本书研究重心集中于景观空间的建设与策略方法，限于有限的学识，部分内容例如产业景观与其他要素关联的解析尚停留在宏观层面。虽然系统建立了理想的营建方法体系，但部分案例尚未有实践支撑，停留于规划阶段或是建设日程，今后将通过实证研究进一步将理论研究与实践结合起来，并待实践反馈后加以深入与修正。

　　研究建立了乡村景观营建的整体方法的基本框架,今后在该方向上,基于建筑学专业背景,尚有以下几个方面值得深入研究:

　　从营建过程上来讲,景观的发展是一个动态的、更全面的过程,会经过规划设计、建设实施、使用管理几个阶段,每个阶段都会经过一个循环反馈的整体过程,而每个阶段都要为下一阶段预留空间,如规划设计阶段要考虑到下一步的具体实施而预留村民自建的空间。鉴于篇幅和精力,本书还只是停留在规划设计的层面,而下一步将会面对全过程建设特别是探讨建设实践的途径与方法。

　　从景观的生态营建来讲,本书还是定性的多、定量的少,未来可作深入的量化研究;同时本书提出利益主体的共生性,是以旅游型乡村为案例,未来可结合不同地域、不同类型乡村的自然、经济、文化情况,作更为深入的聚焦研究。

　　作为传统的农业国家,中国的现代化发展过程伴随着持续的城市化进程。随着大量农业人口离开故里进入城市,乡村成为遥远的记忆寄存之所。在这个过程中,如何善待乡土、重建景观,不仅是物质文化方面的问题,也与人文精神的延续息息相关。景观营建的整体方法要求我们细致耐心地对待风景以及风景背后的现实生活,因为它不仅关乎我们的集体记忆,也预示着一个城乡协调发展的美好未来。

参考文献

A. 学术期刊

[1] 娄永琪. 系统与生活世界理论视点下的长三角农村居住形态[J]. 城市规划学刊, 2005(5):38-43.

[2] 杨锐. 景观都市主义的理论与实践探讨[J]. 中国园林, 2009(10):60-63.

[3] 刘黎明. 乡村景观规划的发展历史及其在我国的发展前景[J]. 农村生态环境, 2001,17(1):52-55.

[4] 高潮. 乡村城市化问题论略[J]. 城镇建设, 1999(6):39-44.

[5] 陈志华. 乡土建筑研究提纲——以聚落研究为例[J]. 建筑师, 1998(04):43-49.

[6] 单德启. 论中国传统民居村寨集落改造[J]. 建筑学报, 1992(04):8-11.

[7] 王晖, 肖明, 王乘. 民居聚落再生之路——广西融水县苗族民房改建模式考察[J]. 建筑学报, 2005(07):32-35.

[8] 阮仪三. 水乡古镇葆真趣——历史古镇昆山周庄的规划[J]. 建筑师, 1989(32):30-43.

[9] 刘滨谊. 景观规划三元论——寻求中国景观规划设计发展创新的基点[J]. 新建筑, 2001(05):1-3.

[10] 刘滨谊. 旅游规划三元论——中国现代旅游规划的定向、定位、定型[J]. 旅游学刊, 2001,16(05):55-58.

[11] 刘滨谊. 旅游哲学观与规划方法论——旅游·旅游资源·旅游规划[J]. 桂林旅游高等专科学校学报, 2003,14(03):12-17.

[12] 刘滨谊, 王云才. 论中国乡村景观评价的理论基础与指标体系[J]. 中国园林, 2002(05):76-79.

[13] 王云才, 刘滨谊. 论中国乡村景观及乡村景观规划[J]. 中国园林, 2003,19(1):55-58.

[14] 刘加平. 传统民居生态建筑经验的科学化与再生[J]. 中国科学基金, 2003(4):234-236.

[15] 刘克成, 肖莉. 乡镇形态结构演变的动力学原理[J]. 西安冶金建筑学院学报, 1994(增2):5-23.

[16] 张尚武. 乡村规划:特点与难点[J]. 城市规划, 2014(02):17-21.

[17] 李京生, 周丽媛. 新型城镇化视角下的郊区农业三产化与城乡规划 浙江省奉化市萧王庙地区规划概念[J]. 时代建筑, 2013(06):42-47.

[18] 刘莹, 王竹. 绿色住居"地域基因理论研究概论"[J]. 新建筑, 2003(2):21-23.

[19] 王竹, 魏秦, 贺勇. 地区建筑营建体系的"基因说"诠释——黄土高原绿色窑居住区

体系的建构与实践[J]. 建筑师,2008(1):29-35.

[20] 王竹,范理杨,陈宗炎. 新乡村"生态人居"模式研究——以中国江南地区乡村为例[J]. 建筑学报,2011(4):22-26.

[21] 贺勇. 乡村建造,作为一种观照[J]. 西部人居环境学刊,2015(03):6-11.

[22] 贺勇,孙炜玮,马灵燕. 乡村建造,作为一种观念与方法[J]. 建筑学报,2011(4):19-22.

[23] 王冬. 尊重民间,向民间学习——建筑师在村镇聚落营造中应关注的几个问题[J]. 新建筑,2005(4):10-12.

[24] 王冬. 乡村聚落的共同建造与建筑师的融入[J]. 时代建筑,2007(4):16-21.

[25] 俞孔坚,李伟. 续唱新文化运动之歌:白话的城市与白话的景观[J]. 建筑学报,2004(8):5-8.

[26] 俞孔坚,王志芳,黄国平. 论乡土景观及其对现代景观设计的意义[J]. 华中建筑,2005,23(4):123-126.

[27] 文爱平,俞孔坚. 新农村建设宜先做"反规划"[J]. 北京规划建设,2006(03):189-191.

[28] 俞孔坚,李迪华,韩西丽. 论"反规划"[J]. 城市规划,2005,29(9):64-69.

[29] 谢花林,刘黎明,赵英伟. 乡村景观评价指标体系与评价方法研究[J]. 农业现代化研究,2003(3):95-98.

[30] 刘黎明. 乡村景观规划的发展历史及其在我国的发展前景[J]. 农村生态环境,2001,17(1):52-55.

[31] 谢花林,刘黎明,李蕾. 乡村景观规划设计的相关问题探讨[J]. 中国园林,2003(3):39-41.

[32] 肖笃宁,高峻. 农村景观规划与生态建设[J]. 生态与农村环境学报,2001,17(4):48-51.

[33] 肖笃宁,钟林生. 景观分类与评价的生态原则[J]. 应用生态学报,1998,9(2):217-222.

[34] 王仰麟,陈传康. 论景观生态学在观光农业规划设计中的应用[J]. 地理学报,1998,53(12):21-27.

[35] 包志毅,陈波. 乡村可持续性土地利用景观生态规划的几种模式[J]. 浙江大学学报(农业与生命科学版),2004,30(1):57-62.

[36] 王路. 村落的未来景象[J]. 建筑学报,2000(11):16-22.

[37] 王路. 传统村落的保护与更新[J]. 建筑学报,1999(11):17-21.

[38] 李凯生. 乡村空间的清正[J]. 时代建筑,2007(4):10-15.

[39] 刘沛林,董双双. 中国古村落景观的空间意象研究[J]. 地理研究,1998(3):31-38.

[40] 范少言,陈宗兴. 试论乡村聚落空间结构的研究内容[J]. 经济地理,1995,15(2):44-47.

[41] 范少言. 乡村聚落空间结构的演变机制[J]. 西北大学学报(自然科学版),1994

(4):295-298.

[42] 周武忠. 新乡村主义论[J]. 南京社会科学,2008(7):123-131.

[43] 王竹,钱振澜. "韶山试验"构建经济社会发展导向的乡村人居环境营建方法[J]. 时代建筑,2015(03):50-54.

[44] 王竹,陶伊奇,钱振澜. 基于地区物候的建筑营造——湖南韶山华润希望小镇社区中心创作[J]. 建筑与文化,2013(06):41-44.

[45] 何景明,李立华. 关于"乡村旅游"概念的探讨[J]. 西南师范大学学报(人文社会科学版),2002,28(9):125-128.

[46] 熊凯. 乡村意象与乡村旅游开发刍议[J]. 地域研究与开发,1999(3):70-73.

[47] 刘英杰. 德国农业和农村发展政策特点及其启示[J]. 世界农业,2004(2):36-38.

[48] 王路. 农村建筑传统村落的保护与更新——德国村落更新规划的启示[J]. 建筑学报,1999(11):16-21.

[49] 黄立华. 日本新农村建设及其对我国的启示[J]. 长春大学学报,2007(1):21-25.

[50] 陈春英. 富有特色的日本农村建设[J]. 城乡建设,2005(10):62-63.

[51] 李水山. 韩国新乡村运动[J]. 小城镇建设,2005(8):16-18.

[52] [韩]朴龙洙. 韩国新乡村运动述论[J]. 西南民族大学学报(人文社会科学版),2011(4):55-59.

[53] 陶然,等. 城镇化中的撤村并居与耕地保护的进展、挑战与出路[J]. 小城镇建设,2014(09):117-120.

[54] 俞孔坚. 景观的含义[J]. 时代建筑,2002(1):14-17.

[55] 冯淑华. 乡村景观旅游开发[J]. 国土与自然资源研究,2005(1):69.

[56] 王绍增. 园林、景观与中国风景园林的未来[J]. 中国园林,2005(3):24-27.

[57] 李旭. 牢哀山红和哈尼梯田:改变正在发生着[J]. 中国国家地理,2011(6):49-50.

[58] 杨宇振. 现代城市空间演化的三种典型模式:以重庆近代城市住宅群为例——兼论民间建筑的现代演化[J]. 华中建筑,2004,22(3):87-89.

[59] 王云才. 传统地域文化景观之图示语言及其传承[J]. 中国园林,2009(10):73-76.

[60] 景娟,王仰麟,彭建. 景观多样性与乡村产业结构[J]. 北京大学学报(自然科学版),2003(4):556-564.

[61] [西班牙]朱安·米格·赫南德兹·里昂,王霞. 第四届欧洲建筑与城市设计研讨会[J]. 风景园林,2008(02):31-35.

[62] [美]路·冯·贝塔朗菲,王兴成. 普通系统论的历史和现状[J]. 国外社会科学,1978(2):66-74.

[63] 王小东,倪一丁,帕孜来提·木特里甫. 喀什老城区阿霍街坊保护改造[J]. 世界建筑导报,2011(02):38-43.

[64] 王如松. 生态整合:人类可持续发展的科学方法[J]. 科学通报,1996,41(5):47-67.

[65] 俞孔坚,李迪华. 城乡与区域规划的景观生态模式[J]. 国外城市规划,1997(03):27-31.

[66] 袁纯清. 共生理论及其对小型经济的应用研究[J]. 改革,1998(2):76-86.

[67] 孙喆. 西湖风景名胜区新农村建设的实践与思考[J]. 中国园林,2007(09):39-45.

[68] 俞孔坚. 论风景美学质量评价的认知学派[J]. 中国园林,1988(1):16-19.

[69] 欧宁. 乡村建设的中国难题[J]. 新周刊,2012,383(11):86-92.

[70] 王少君,童亚兰. 浙江省乡村旅游发展探析[J]. 滨州职业学院学报,2009,6(4):69-75.

[71] 傅伯杰,陈利顶. 景观多样性的类型及其生态意义[J]. 地理学报,1996,51(5):454-461.

[72] 孙鹏,王志芳. 遵从自然过程的城市河流和滨水区景观设计[J]. 城市规划,2000,24(9):19-23.

[73] 刘沛林. 论中国古代的村落规划思想[J]. 自然科学历史研究,1998,17(1):82-90.

[74] 张艳明,吴樟荣,王才福,等. 基于旅游业发展的风景区村落整治及规划研究[J]. 安徽农业科学,2008,36(36):71-73.

[75] 蒲蔚然,刘骏. 探索促进社区关系的居住小区模式[J]. 城市规划汇刊,1997(04):56-58.

[76] 曹秀芹,车武. 城市屋面雨水收集利用系统方案设计分析[J]. 给水排水,2002,28(1):13-15.

[77] 宋瑞. 我国生态旅游利益相关者分析[J]. 中国人口·资源与环境（社会科学版）,2005,15(1):36-41.

[78] 卢松. 旅游地居民对旅游影响感知和态度的比较[J]. 地理学报,2008,63(6):646-656.

[79] 贺勇,马灵燕,郎大志. 基于非正式经济的乡村规划实践与探讨[J]. 建筑学报,2012(04):99-102.

[80] 池静,崔凤军. 乡村旅游地发展过程中的"公地悲剧"研究——以杭州梅家坞、龙坞茶村、山沟沟景区为例[J]. 旅游学刊,2006,21(7):17-23.

[81] 吴殿廷,张艳,王欣. 论反向旅游[J]. 桂林旅游高等专科学校学报,2005,(6):10-13.

[82] 俞孔坚. 生存的艺术:定位当代景观设计学[J]. 建筑学报,2006(10):39-43.

[83] B Faulkner,C Tideswell. A Framework for Monitoring Community Impacts of Tourism[J]. Journal of Sustainable Tourism,1997,5(1):3-28.

[84] Brohman J. New Directions in Tourism for Third World Development[J]. Annals of Tourism Research,1996,23(1):23.

B. 著作

[1] 陈志华,李玉祥. 楠溪江中游古村落[M]. 北京:生活·读书·新知三联书店,2015.

[2] 段进,季松,王海宁.城镇空间解析:太湖流域古镇空间结构与形态[M].北京:中国建筑工业出版社,2002.

[3] 段进,龚凯,陈晓东,等.空间研究 1:世界文化遗产西递古村落空间解析[M].南京:东南大学出版社,2006.

[4] 段进,揭明浩.空间研究 4:世界文化遗产宏村古村落空间解析[M].南京:东南大学出版社,2009.

[5] 周若祁.绿色建筑体系与黄土高原基本聚居模式[M].北京:中国建筑工业出版社,2007.

[6] 周若祁,张光.韩城村寨与党家村民居[M].西安:陕西科学技术出版社,1999.

[7] 雷振东.整合与重构:关中乡村聚落转型研究[M].南京:东南大学出版社,2009.

[8] 王云才.乡村景观旅游规划设计的理论与实践[M].北京:科学出版社,2004.

[9] [美]约翰·O.西蒙兹,巴里·W.斯塔克.景观设计学——场地规划与设计手册[M].朱强,俞孔坚,译.北京:中国建筑工业出版社,2012.

[10] 陈威.景观新农村:乡村景观规划理论与方法[M].北京:中国电力出版社,2007.

[11] 李立.乡村聚落:形态、类型与演变——以江南地区为例[M].南京:东南大学出版社,2007.

[12] 俞孔坚.景观:文化、生态与感知[M].北京:科学出版社,1998.

[13] 赵勇.中国历史文化名镇名村保护理论与方法[M].北京:中国建筑工业出版社,2008.

[14] 金其铭,董昕,张小林.乡村地理学[M].南京:江苏教育出版社,1990.

[15] 张小林.乡村空间系统及其演变研究:以苏南为例[M].南京:南京师范大学出版社,1999.

[16] 郭焕成.黄淮海地区乡村地理[M].石家庄:河北科学技术出版社,1991.

[17] 费孝通.乡土中国[M].上海:上海世纪出版集团,2007.

[18] 曹锦清,张乐天,陈中亚.当代浙北乡村的社会文化变迁[M].上海:上海远东出版社,2001.

[19] 曹锦清.黄河边的中国——一个学者对乡村社会的观察与思考[M].上海:上海文艺出版社,2003.

[20] 熊培云.一个村庄里的中国[M].北京:新星出版社,2011.

[21] 郭于华.受苦人的讲述——骥村历史与一种文明的逻辑[M].香港:香港中文大学出版社,2013.

[22] 贺雪峰.村治模式:若干案例研究[M].济南:山东人民出版社,2009.

[23] 黄祖辉,赵兴泉,赵铁桥.中国农民合作经济组织发展:理论、实践与政策管理经济[M].杭州:浙江大学出版社,2010.

[24] 周武忠.旅游景区规划研究[M].南京:东南大学出版社,2008.

[25] 卢松.历史文化村落对旅游影响的感知与态度模式研究[M].合肥:安徽人民出版社,2009.

[26] 肖笃宁.景观生态学研究进展[M].长沙:湖南科学技术出版社,1999.

[27] 肖笃宁.景观生态学:理论、方法与应用[M].北京:中国林业出版社,1991.

[28] 邓辉.世界文化地理[M].北京:北京大学出版社,2010.

[29] 顾朝林,于涛方,李王鸣.中国城市化格局、过程、肌理[M].北京:科学出版社,2008.

[30] 中国大百科全书出版社编辑部.中国大百科全书[M].北京:中国大百科全书出版社,1988.

[31] [美]伯纳德·鲁道夫斯基.没有建筑师的建筑:简明非正统建筑导论[M].高军,译.天津:天津大学出版社,2011.

[32] 中国大百科全书出版社编辑部.中国大百科全书·农业Ⅱ[M].北京:中国大百科全书出版社,1990.

[33] [美]冯·贝塔朗菲.一般系统论:基础、发展和应用[M].林康义,魏宏森,译.北京:清华大学出版社,1987.

[34] 钱学森.论系统工程(增订本)[M].长沙:湖南科学技术出版社,1988.

[35] 钱学森.工程控制论:新世纪版[M].上海:上海交通大学出版社,2007.

[36] 金观涛,华国凡.控制论与科学方法论[M].北京:新星出版社,2005.

[37] 肖笃宁,李秀珍.景观生态学[M].北京:科学出版社,2003.

[38] 邬健国.景观生态学——格局、过程、尺度与等级[M].北京:高等教育出版社,2007.

[39] 袁纯清.共生理论:兼论小型经[M].北京:经济科学出版社,1998.

[40] [日]针之谷钟吉.西方造园变迁史——从伊甸园到天然公园[M].邹洪灿,译.北京:中国建筑工业出版社,1991.

[41] 聂兰生,邹颖,舒平.21世纪中国大城市居住形态解析[M].天津:天津大学出版社,2004.

[42] 李博.普通生态学[M].呼和浩特:内蒙古大学出版社,1993.

[43] 卢济威,王海松.山地建筑设计[M].北京:中国建筑工业出版社,2000.

[44] 陈志华.老房子·浙江民居[M].南京:江苏美术出版社,2000.

[45] 张为平.隐形逻辑[M].南京:东南大学出版社,2009.

[46] [加]简·雅各布斯.美国大城市的死与生[M].金衡山,译.南京:译林出版社,2006.

[47] Henri Lefebvre. The Production of Space[M]. Oxford:Blackwell,1991.

[48] Waldheim C. The Landscape Urbanism Reader [M]. Princeton:Princeton Architectural Press,2006.

[49] Anne Whiston Spirn. The Language of Landscape [M]. Yale:Yale University Press,2000.

C. 学位论文

[1] 贺勇. 适宜性人居环境研究——"基本人居生态单元"的概念与方法[D]. 杭州:浙江大学,2004.

[2] 刘沛林. 中国传统聚落景观基因图谱的构建与应用研究[D]. 北京:北京大学,2011.

[3] 周心琴. 城市化进程中乡村景观变迁研究——以苏南为例[D]. 南京:南京师范大学,2006.

[4] 宋晔皓. 结合自然整体设计——注重生态的建筑设计研究[D]. 北京:清华大学,1999.

[5] 张文英. 当代景观营建方法的类型学研究[D]. 广州:华南理工大学,2010.

[6] 孙鹏. 传统汉族村落乡土景观形成过程研究[D]. 北京:北京大学,2001.

[7] 王志芳. 哈尼族乡土景观研究[D]. 北京:北京大学,2001.

[8] 杨培峰. 城乡空间生态规划理论与方法[D]. 重庆:重庆大学,2000.

[9] 高娜. 景观生态学视野下的乡村聚落景观整体营造初探[D]. 昆明:昆明理工大学,2006.

[10] 卢小丽. 生态旅游社区居民旅游影响感知与参与行为研究[D]. 大连:大连理工大学,2006.

[11] 王雪茹. 杭州双桥区块乡村"整体统一、自主建造"模式研究[D]. 杭州:浙江大学,2011.

[12] 刘晖. 黄土高原小流域人居生态单元及安全模式——景观格局分析方法与应用[D]. 西安:西安建筑科技大学,2005.

[13] 雷振东. 整合与重构[D]. 西安:西安建筑科技大学,2005.

[14] 魏秦. 黄土高原人居环境营建体系的理论与实践研究[D]. 杭州:浙江大学,2008.

[15] 马灵燕. 乡村空间资源化视角下的乡村规划设计探索[D]. 杭州:浙江大学,2012.

[16] 于慧芳. 湖州长兴新川村山地聚落空间结构与规划设计研究[D]. 杭州:浙江大学,2008.

D. 会议论文集、报纸及内部资料

[1] 乔杰,洪亮平,王莹. 基于社会资本利用的乡村发展认知与应对[C]//2014中国城市规划年会论文集. 海口,2014.

[2] 汉宝德. 中国建筑传统的延续:中华文化的过去、现在与未来[C]. 北京:中华书局,1992:489.

[3] 胡必亮. 解决"三农"问题路在何方[N]. 南方周末,2003-06-12.

[4] 温铁军. 中国农业如何从困境中突围?[N]. 中国经济时报,2016-02-19.

[5] 王竹,李王鸣,贺勇. 浙江省农村地域风貌特色营造思路与框架[R]. 杭州:浙江大学乡村人居环境研究中心,2011.

E. 政府文件

［1］党的十八大报告.坚定不移沿着中国特色社会主义道路前进 为全面建成小康社会而奋斗［Z］.2012.11.

［2］中央经济工作会议［Z］.2012.

［3］浙江省美丽乡村建设行动计划（2011-2015）［Z］.

［4］浙江省建设厅,浙江省农业厅,浙江省环保局,等.浙江省农村生活污水处理适用技术与实例［Z］.杭州：2007.

F. 电子资源

［1］中国城市规划网，http：//www.planning.org.cn.

［2］田园东方.一扇回到过去的窗.微信号"田园东方".2015-09-17.

［3］王骞.德国的村镇更新建设.广东国地资源与环境研究院微信号"国地资讯".2015-09-09.

［4］金国中.借鉴德国经验思考城镇化进程.人民网.http：//theory.people.com.cn/GB/41038/10196120.html.

［5］中华人民共和国中央人民政府官方网站：http：//www.gov.cn.

［6］浙江省人民政府官方网站：http：//www.zj.gov.cn.

［7］浙江省农业厅官方网站：http：//www.zjagri.gov.cn.

［8］浙江千村示范万村整治网：http：//www.qcsf.zj.cn.

［9］中国民俗学网站：http：//www.chinesefolklore.org.cn.

［10］百度文库.http：//wenku.baidu.com.

［11］搜狐网.http：//www.sohu.cn.

图注

图 1.1   江苏华西村的高塔(图片来源:百度图片)

图 1.2   "改头换面"的浙江滕头村(图片来源:百度图片)

图 1.3   浙江舟山某乡村(对地方景观的再改造)(图片来源:笔者自摄)

图 1.4   浙江杭州青芝坞的街巷(图片来源:笔者自摄)

图 2.1   乡村景观的系统构成(图片来源:笔者参考课题组《浙江省农村地域风貌特色营造思路与框架》(2011)绘制)

图 2.2   云南哈尼古村寨(图片来源:百度图片)

图 2.3   哈尼梯田的土地利用格局(图片来源:李旭.牢哀山红和哈尼梯田:改变正在发生着[J].中国国家地理,2011(6):49-50.)

图 2.4   哈尼族聚落景观(图片来源:李旭.牢哀山红和哈尼梯田:改变正在发生着[J].中国国家地理,2011(6):49-50.)

图 2.5   哈尼族村民的自发建造(图片来源:李旭.牢哀山红和哈尼梯田:改变正在发生着[J].中国国家地理,2011(6):49-50.)

图 2.6   浙江安吉大竹园村(基本农业型)的农田景观(图片来源:笔者自摄)

图 2.7   浙江安吉大竹园村(基本农业型)的街巷景观(图片来源:笔者自摄)

图 2.8   浙江安吉大竹园村(基本农业型)的水系景观(图片来源:笔者自摄)

图 2.9   浙江安吉大河村(工业型)的加工厂房(图片来源:课题组)

图 2.10   浙江安吉大河村(工业型)竹制品加工厂房内景(一)(图片来源:百度图片)

图 2.11   浙江安吉大河村(工业型)竹制品加工厂房内景(二)(图片来源:百度图片)

图 2.12   杭州梅家坞村(特色旅游型)的街巷景观(图片来源:笔者自摄)

图 2.13   杭州梅家坞村(特色旅游型)的茶园景观(图片来源:笔者自摄)

图 2.14   杭州梅家坞村(特色旅游型)的制茶景观(图片来源:笔者自摄)

图 2.15   农居院落用于农家乐经营现状(图片来源:笔者自摄于杭州梅家坞)

图 2.16   金华白云山村落肌理现状(图片来源:课题组)

图 2.17   某新农村建设规划蓝图(图片来源:笔者自摄于浙江温州某乡村建设现场)

图 2.18   在当前村落中占多数的洋房式农宅(图片来源:笔者自摄于浙江富阳新沙岛)

图 2.19   正在建设的乡村民居(图片来源:笔者自摄于浙江富阳新沙岛)

图 2.20   临安天目山村中心区(图片来源:笔者自摄)

图 2.21　常山黄岗村某民居（图片来源：课题组）

图 2.22　村民自搭的储藏间（图片来源：笔者自摄于富阳新沙岛）

图 2.23　村民自搭的停车棚架（图片来源：笔者自摄于临安天目山村）

图 2.24　随机多样的街巷空间（图片来源：笔者自摄于浙江高家塘村）

图 2.25　太湖源白沙村农家乐（图片来源：百度图片）

图 3.1　系统的构成（图片来源：王鹏.城市公共空间的系统化建设［M］.南京：东南大学出版社，2002：10.）

图 3.2　简单信息反馈图（图片来源：［美］冯·贝塔朗菲.一般系统论：基础、发展和应用［M］.林康义，魏宏森，译.北京：清华大学出版社，1987：39.）

图 3.3　共生三要素关系示意图（图片来源：袁纯清.共生理论：兼论小型经济［M］，北京：经济科学出版社，1998：9.）

图 4.1　乡村景观营建一体化（图片来源：笔者自绘）

图 4.2　村域层级的景观（图片来源：笔者自摄于浙江大竹园村）

图 4.3　村落层级的景观（图片来源：笔者自摄于浙江大竹园村）

图 4.4　原有的水利设施景观（图片来源：笔者自摄于浙江大竹园村）

图 4.5　宅院层级的晾晒景观（图片来源：笔者自摄于浙江大竹园村）

图 4.6　宅院层级的经营景观（图片来源：笔者自摄于杭州白乐桥村）

图 4.7　供游客观赏的油菜花田（图片来源：笔者自摄于杭州西溪湿地）

图 4.8　水果采摘体验（图片来源：笔者自摄于杭州五常）

图 4.9　黄岗村村域现状（图片来源：课题组）

图 4.10　黄岗村村域规划（图片来源：课题组）

图 4.11　砚瓦山村石头市场现状：随机的石头堆场（图片来源：课题组）

图 4.12　砚瓦山村石头公园（市场）规划总平面（图片来源：课题组）

图 4.13　砚瓦山村石头公园示意图一（图片来源：课题组）

图 4.14　砚瓦山村石头公园示意图二（图片来源：课题组）

图 5.1　乡村景观的价值目标体系（图片来源：笔者自绘）

图 5.2　乡村景观价值的影响要素（图片来源：笔者自绘）

图 5.3　主体要素对乡村景观价值的影响机理（图片来源：笔者自绘）

图 5.4　影响乡村景观的客体要素构成（图片来源：笔者自绘）

图 5.5　大竹园村村庄规划方案（图片来源：课题组）

图 5.6　传统营建过程流程图（图片来源：马灵燕.乡村空间资源化视角下的乡村规划设计探索［D］.杭州：浙江大学，2012.）

图 5.7　整体的营建过程流程图（图片来源：笔者自绘）

图 5.8　现场入户调查(图片来源:笔者自摄于湖南韶山韶光村)

图 5.9　现场向村民了解产业、植被的情况(图片来源:笔者自摄于湖南韶山韶光村)

图 5.10　村民代表问卷调查(图片来源:笔者自摄于湖南韶山韶光村)

图 5.11　村民意愿访谈(图片来源:笔者自摄于湖南韶山韶光村)

图 5.12　村民、村委、投资方、设计方共同进行方案讨论与决策(图片来源:笔者自摄于湖南韶山韶光村)

图 5.13　村民自主建房(图片来源:笔者自摄于浙江建德三江口村)

图 6.1　山地丘陵型乡村"以山林、梯田为基底,组团单元平行等高线扩展"的镶嵌模式图(图片来源:笔者自绘)

图 6.2　韶光村现状总平面图(图片来源:课题组)

图 6.3　韶光村景观(图片来源:笔者自摄)

图 6.4　韶光村东北向山体景观(图片来源:课题组)

图 6.5　韶光村西南向山体景观(图片来源:课题组)

图 6.6　韶光村整体山体结构控制(图片来源:课题组)

图 6.7　平原水网型村落"生态绿廊、多中心"的组团扩展模式图(图片来源:笔者自绘)

图 6.8　华联村区位图(图片来源:课题组)

图 6.9　华联村农居点分布现状(图片来源:课题组)

图 6.10　华联村村域总体土地利用规划图(图片来源:课题组)

图 6.11　华联村村庄规划结构图(图片来源:课题组)

图 6.12　白云山村景观节点的改造(图片来源:课题组)

图 6.13　乡村中的"知青大道"(图片来源:笔者自摄于杭州富阳新沙岛)

图 6.14　上葛村原有村庄肌理分析(图片来源:课题组)

图 6.15　上葛村典型街巷肌理提取(图片来源:课题组)

图 6.16　上葛村总体规划格局(图片来源:课题组)

图 6.17　上葛村典型街巷现状(图片来源:课题组)

图 6.18　上葛村典型街巷改造示意图(图片来源:课题组)

图 6.19　浙江廿八都古镇的护岸做法(图片来源:课题组)

图 6.20　高家堂村污水系统布置(图片来源:笔者自摄于浙江安吉高家堂村)

图 6.21　高家堂村景观化处理后的污水塘(图片来源:笔者自摄于浙江安吉高家堂村)

图 6.22　高家堂村阿科蔓生态塘系统流程图(图片来源:笔者自摄于浙江安吉高家堂村)

图 6.23　上葛村出入口模式引导图(图片来源:课题组)

图 6.24　山地建筑接地方式(图片来源:卢济威,王海松,山地建筑设计[M].北京:中

国建筑工业出版社,2000)

图6.25　山地建筑在乡村中的实际案例(图片来源:笔者自摄)

图6.26　上葛村山地民居的接地模式引导(图片来源:课题组)

图6.27　一套简便的雨水收集系统(图片来源:课题组)

图7.1　生态旅游利益相关者层级(图片来源:宋瑞. 我国生态旅游利益相关者分析[J]. 中国人口·资源与环境(社会科学版),2005,15(1):36-41.)

图7.2　旅游型乡村中主要的共生单元(图片来源:笔者自绘)

图7.3　影响居民旅游感知的因素(图片来源: B Faulkner, C Tideswell. A Framework for Monitoring Community Impacts of Tourism [J]. Journal of Sustainable Tourism, 1997,5(1):3-28.)

图7.4　公共设施的协同建设模式(图片来源:笔者自绘)

图7.5　白云山村总体格局:产、住相对独立的多组团结构(图片来源:课题组)

图7.6　白云山村公共设施的复合使用(图片来源:课题组)

图7.7　白云山村日常出行与慢行系统的"快慢协同"(图片来源:课题组)

图7.8　宅院单元的产住平衡模式(图片来源:课题组)

图7.9　三江口村民居改造前风貌(图片来源:课题组)

图7.10　三江口村民居风貌整治方案(图片来源:课题组)

图7.11　白乐桥村民居风貌现状(图片来源:笔者自摄)

图7.12　高家堂村民居风貌现状(图片来源:笔者自摄)

图7.13　白云山村总平面图(图片来源:课题组)

图7.14　白云山村民居屋顶形制提取(图片来源:课题组)

表注

表 3.1 景观生态学的一般原理（表格来源：肖笃宁，李秀珍. 景观生态学[M]. 北京：科学出版社，2003：12-29.）

表 3.2 共生行为模式比较（表格来源：袁纯清，共生理论：兼论小型经济[M]. 北京：经济科学出版社，1998：55.）

表 3.3 共生系统的共生组织模式比较（表格来源：袁纯清. 共生理论：兼论小型经济[M]. 北京：经济科学出版社，1998：46.）

表 3.4 共生体与环境之间的组合关系（表格来源：袁纯清. 共生理论：兼论小型经济[M]. 北京：经济科学出版社，1998：17.）

表 3.5 乡村景观的营建方法比较（表格来源：笔者自绘）

表 4.1 乡村景观营建内容的总体框架（表格来源：笔者自绘）

表 4.2 村域层级需考虑的景观要素（表格来源：笔者自绘）

表 4.3 村落层级需考虑的景观要素（表格来源：笔者自绘）

表 4.4 宅院层级需考虑的景观要素（表格来源：笔者自绘）

表 5.1 乡村景观的价值目标评价细则（表格来源：笔者自绘）

表 5.2 大竹园村村庄规划基础资料收集（表格来源：课题组）

表 5.3 村民参与的全过程（表格来源：笔者自绘）

表 5.4 线性的营建过程与整体的营建过程比较（表格来源：笔者自绘）

表 5.5 信息采集的具体内容（表格来源：笔者整理，参考于蔡龙铭. 农村景观资源规划[M]. 台北：地景企业股份有限公司，1999.）

表 5.6 信息采集的方法（表格来源：笔者自绘）

表 5.7 信息分析与处理的内容（表格来源：笔者自绘）

表 5.8 不同模式中景观价值目标的确定（表格来源：笔者自绘）

表 5.9 单一方案与多方案提出的比较（表格来源：笔者自绘）

表 5.10 韶山希望小镇多方案比较（表格来源：笔者自绘）

表 5.11 方案的评估论证比较（表格来源：笔者自绘）

表 5.12 方案确定与成果输出比较（表格来源：笔者自绘）

表 6.1 乡村的分类与景观特征（表格来源：笔者自绘）

表 6.2 生态驳岸的类型（表格来源：孙鹏，王志芳. 遵从自然过程的城市河流和滨水区

景观设计[J].城市规划,2000,24(9):19-21.)

表 6.3　华联村河道整治策略(表格来源:课题组)

表 6.4　乡村生活污水处理技术的选用原则(表格来源:笔者自绘,参考于浙江省建设厅,浙江省农业厅,浙江省环保局,等.浙江省农村生活污水处理适用技术与实例[Z].2007.)

表 6.5　常用的污水处理技术(表格来源:笔者自绘,参考于安吉县"农村生活污水处理展示工程"资料)

表 7.1　宅院层级的景观要素构成(表格来源:笔者自绘)

表 7.2　白云山村民居院落形制提取(表格来源:课题组)

表 7.3　白云山村民居入口形制提取(表格来源:课题组)

表 7.4　白云山村空间形制提取(表格来源:课题组)

表 7.5　白云山村屋顶色彩的提取与分析(表格来源:课题组)

表 7.6　白云山村墙体色彩的提取与分析(表格来源:课题组)

表 7.7　白云山村建筑材质的提取与分析(表格来源:课题组)

表 7.8　白云山村色彩与材质的整治导则(表格来源:课题组)

表 7.9　白云山村的建筑细部控制与分析(表格来源:课题组)

表 7.10　白云山村既有建筑整治导则(表格来源:笔者根据课题组资料绘制)

致　　谢

　　本书是在我的博士学位论文《基于浙江地区的乡村景观营建的整体方法研究》基础上修改而成。首先感谢导师王竹教授对论文选题、研究思路的悉心指导。攻读博士期间，在先生引领之下进入乡村研究领域，先生严谨求实的治学态度、敏锐的学术头脑、大胆的创新与实践精神，克己宽厚的师者风范，言传身教，对论文斧正良多。感谢先生一直以来的谆谆教诲，将让学生受益终身，成为今后研究与工作的明示。

　　感谢我的硕士导师徐雷教授，自做您的学生以来，老师多年无私的专业教导与生活帮助，历历在目，难以忘怀。感谢浙江大学华晨教授、葛坚教授、罗卿平教授对论文的鼓励与帮助。衷心感谢贺勇教授，在写作过程中各方面都给予了鼎力支持。论文的完成还得益于李王鸣教授的宝贵建议，以及在写作过程中提供的耐心切实的指导和帮助，在此表示特别的感谢。

　　学术研究从来就无法离开研究团队的共同努力，正是团队浓厚的学术氛围，为本研究的选题启发、体系架构与内容充实提供了扎实的素材。感谢研究团队中的林涛、高俊、浦欣成、李咏华、赵秀敏、王志蓉、裘知、钱振澜、朱怀、王韬、张景礴等伙伴，论文是在与他们的反复交流、讨论和互相鼓励中不断深入的。

　　感谢湖南大学魏春雨教授、中国美术学院王国梁教授以及其他匿名评阅教授在论文的评阅与答辩过程中所提出的宝贵意见。

　　感谢我的父母、姐姐，无怨无悔默默付出，尤其是我的母亲，给了我莫大的支持与鼓励。感谢我的女儿，她是个活力充沛的精灵，每日的童言笑语令我倍感幸福。感谢我的先生宋吉晓，本书的完成离不开他的理解与大力支持。